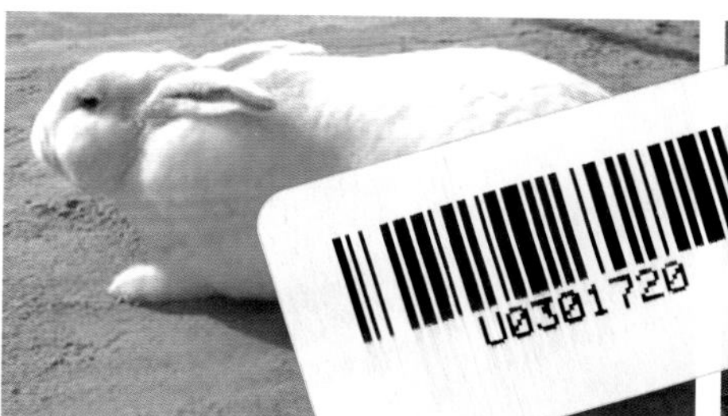

彩图 3-1 新西兰兔

彩图 3-2 加利福尼亚兔

彩图 3-3 比利时兔（弗朗德巨兔）

彩图 3-4 布列塔尼亚兔

彩图 3-5 德系安哥拉兔

彩图 3-6 中系安哥拉兔

彩图 3-7 力克斯兔（獭兔）

彩图 3-8 亮兔

彩图 3-9　中国白兔

彩图 3-10　青紫蓝兔

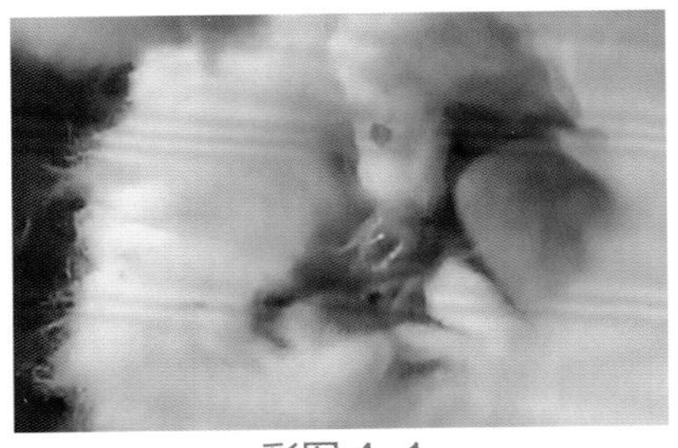
彩图 4-1
发情母兔阴部症状（早期）

彩图 4-2
发情母兔阴部症状（中期）

彩图 4-3　母兔妊娠检查方法一

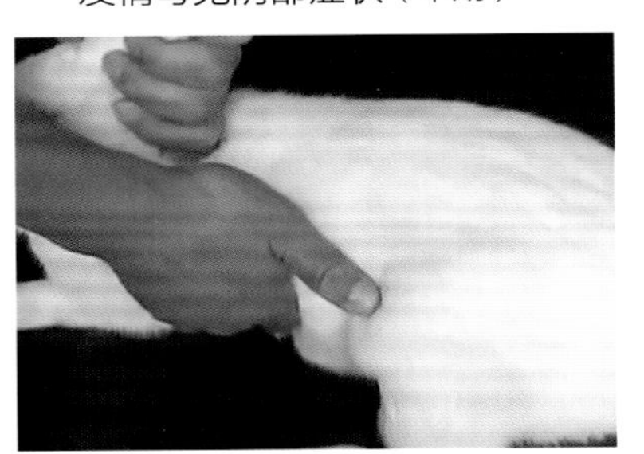
彩图 4-4　母兔妊娠检查方法二

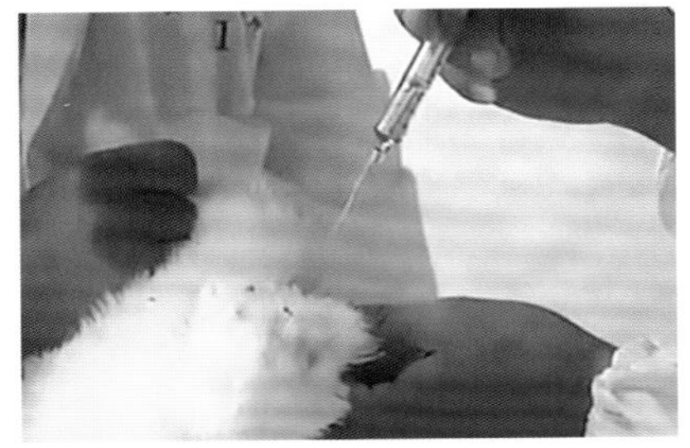
彩图 4-9　家兔人工授精

彩图 6-1　发霉的玉米

彩图 6-2　家兔颗粒饲料

彩图 7-1　兔舍内一角（分群饲养）

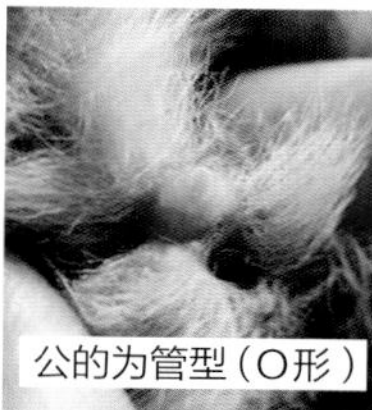

彩图 7-4　兔公母性别鉴别
（左：公兔；右：母兔）

彩图 8-2　兔场一角

彩图 8-4　室内多列式兔舍

彩图 8-6　室内双列式兔舍

彩图 8-9　兔笼门

彩图 8-11　兔笼舍

彩图 8-14
兔草架（左侧）和食槽（右侧）

彩图 9-4　生炒兔肉

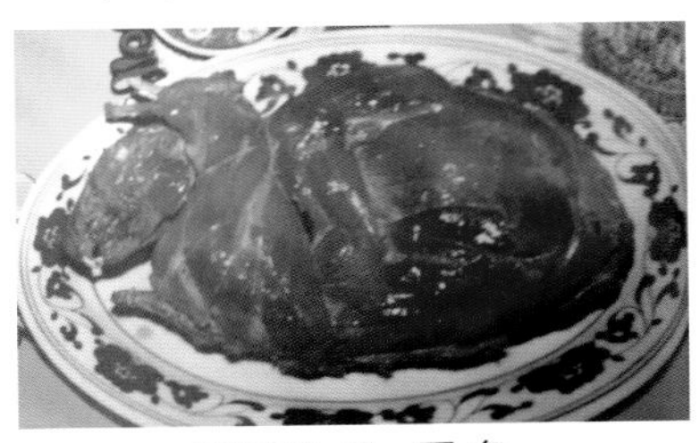

彩图 9-7　熏 兔

彩图 10-1　兔场大门口消毒池

彩图 10-2　病兔尸体焚烧

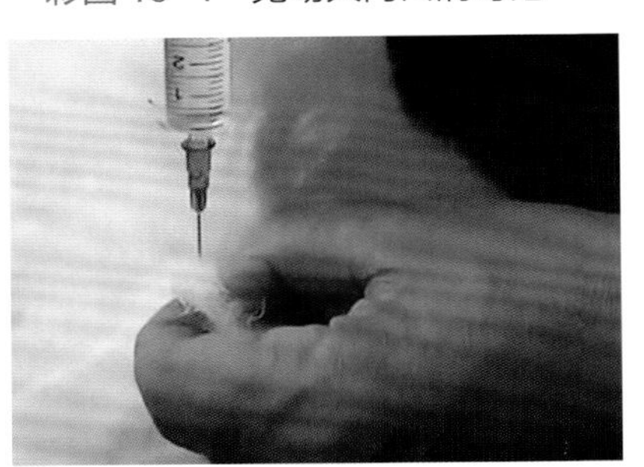

彩图 10-3　家兔皮下注射方法

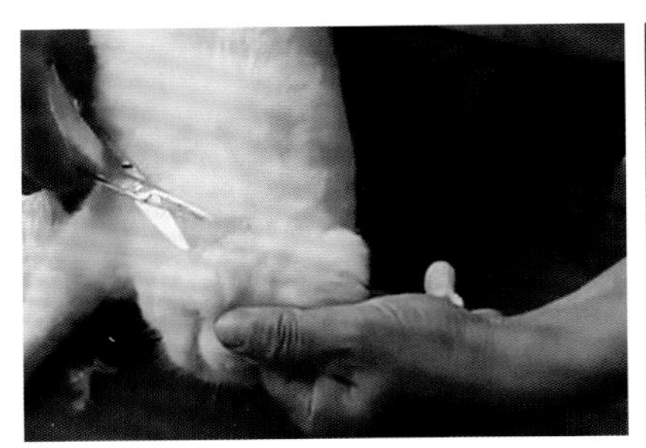

彩图 10-4　注射部位剪毛

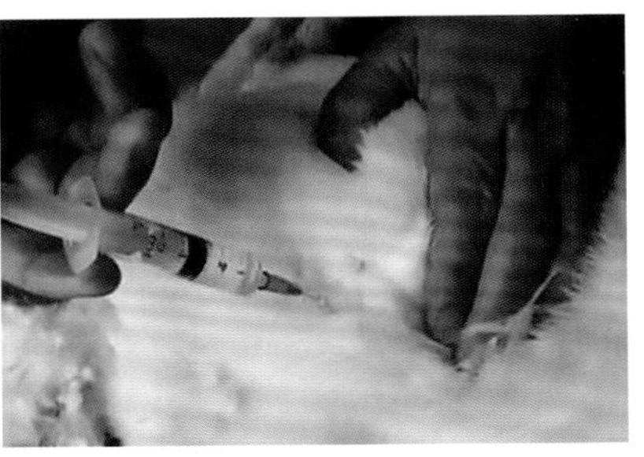

彩图 10-5　兔肌肉注射

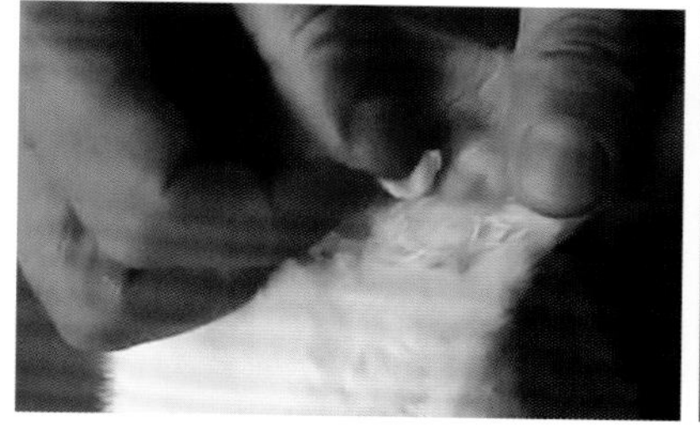

彩图 10-6
耳静脉注射前兔耳壳的消毒

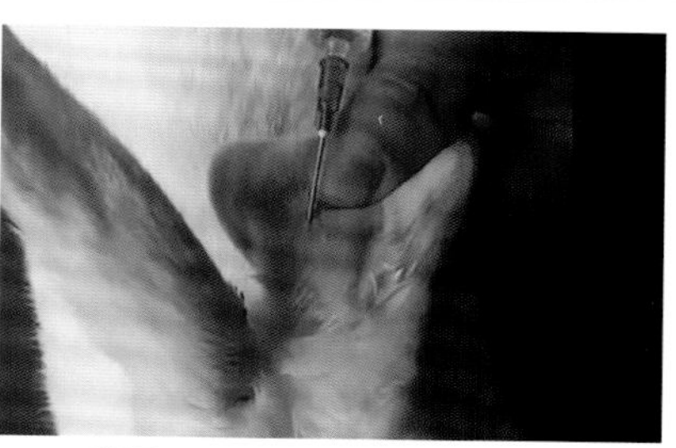

彩图 10-7　家兔耳静脉注射

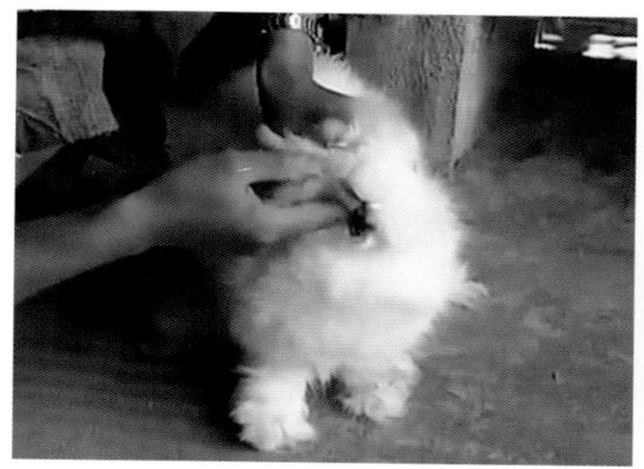

彩图 10-8　家兔喂服给药

彩图 10-9　注射器口服给药

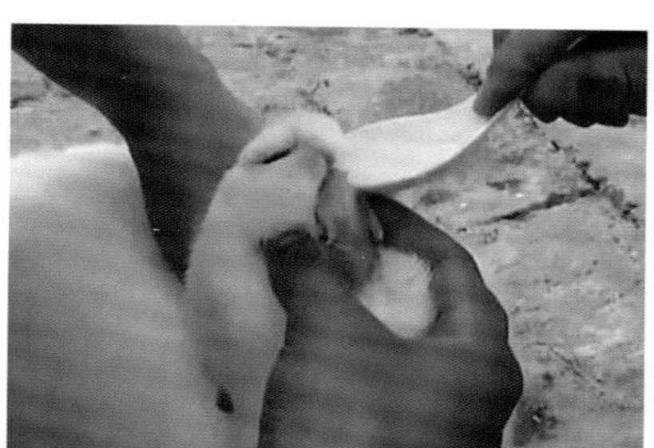

彩图 10-10　家兔汤匙给药

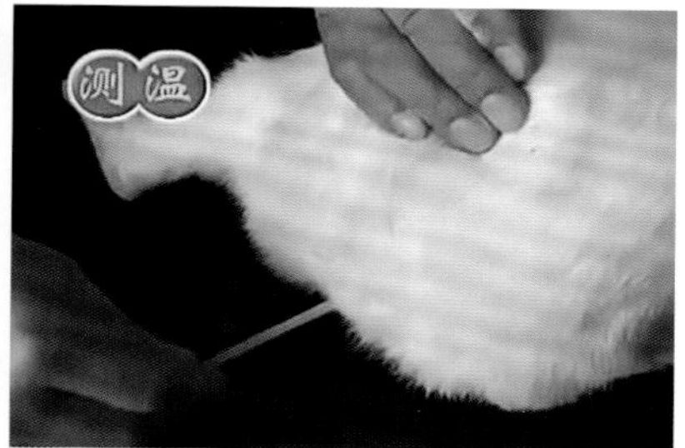

彩图 10-12　家兔体温测量

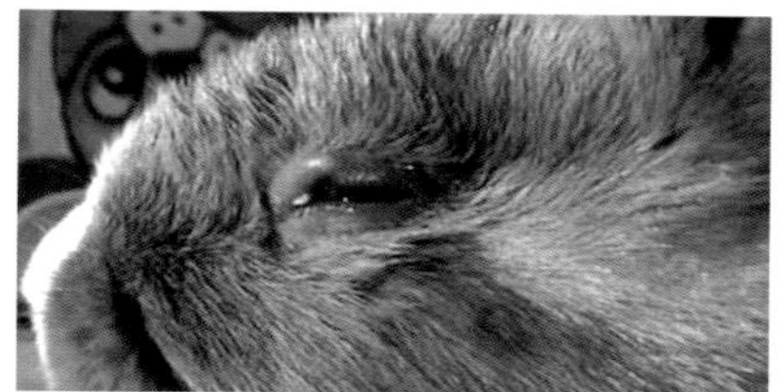

彩图 10-13　兔巴氏杆菌病症状
（化脓性眼结膜炎）

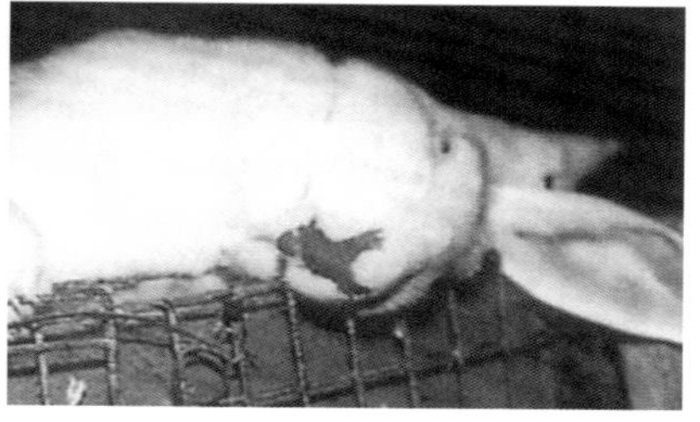

彩图 10-14　兔瘟的症状（口、鼻出血）

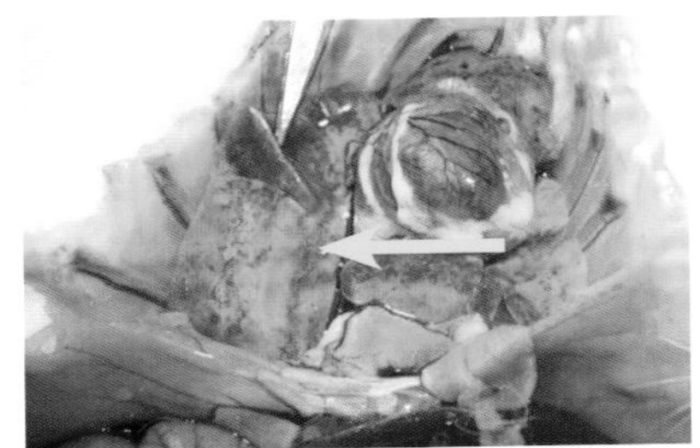

彩图 10-15　兔瘟的肺脏出血

彩图 10-16　肠型球虫病的肠管病变

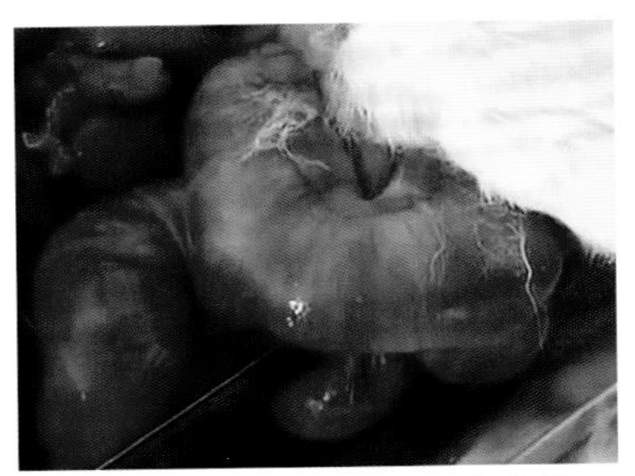

彩图 10-17　肠型球虫病的病理变化（肠管出血、瘀血）

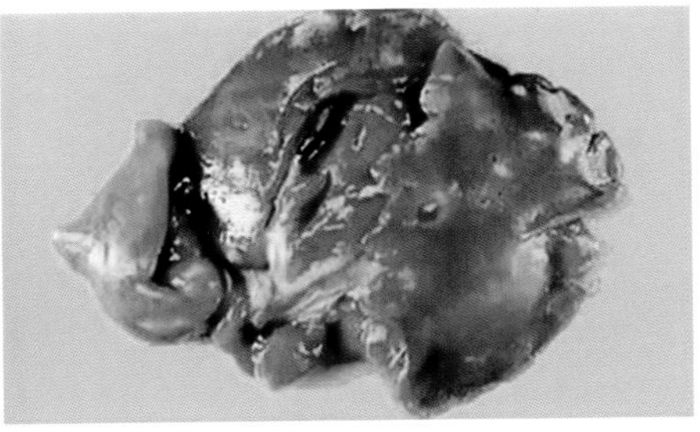

彩图 10-18
肝型球虫病的肝脏肿大

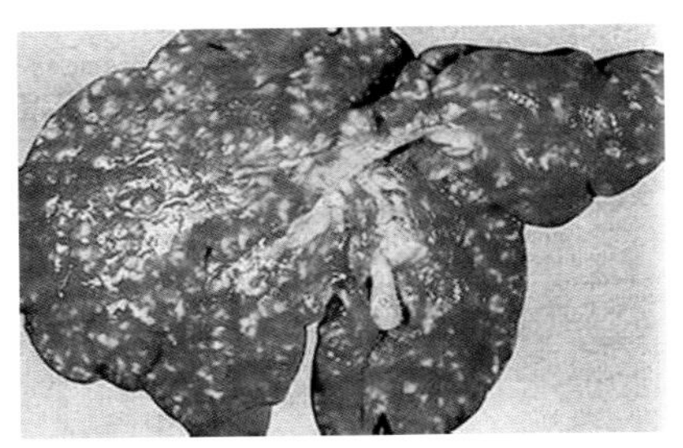

彩图 10-19
兔球虫病肝脏病变（表面有大量的结节）

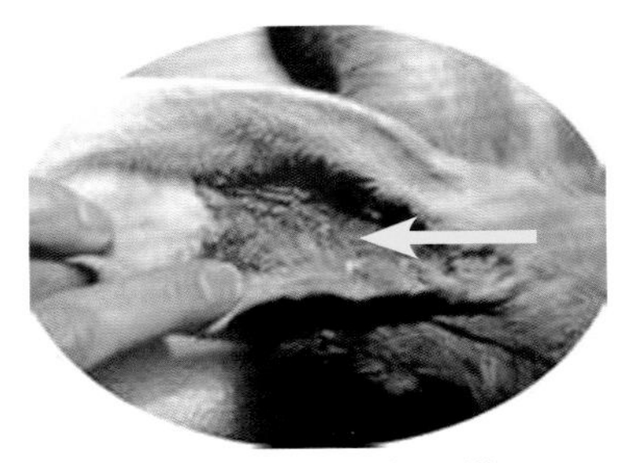

彩图 10-20　兔耳螨

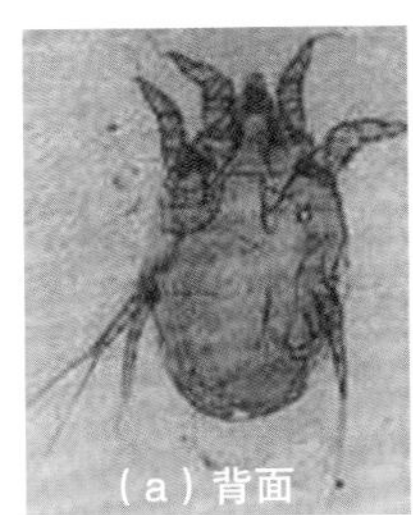

（a）背面

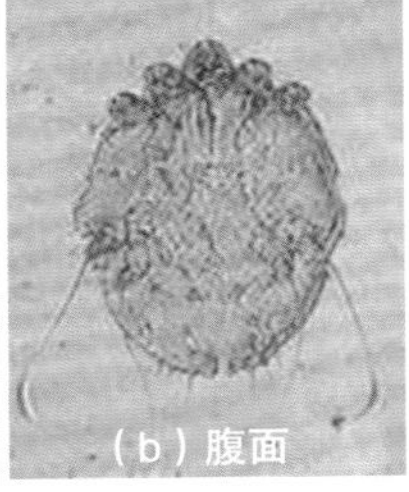

（b）腹面

彩图 10-21　疥 螨

彩图 10-22　饲料原料玉米发霉

小家畜规模化规范化养殖丛书

家兔快速致富养殖技术大全

郎跃深　王　华　主编

化学工业出版社

·北京·

本书较为详细地介绍了家兔的生物学特性、品种、繁殖及育种技术、饲料营养、各种类型兔的饲养管理、兔舍建设、兔产品以及家兔的主要疾病防治等方面内容。另外还介绍了一些养兔的技巧、经验。编写时力求科学性、实用性、可操作性，对广大养兔户具有较强的指导意义，也可作为大中专院校畜牧兽医相关专业学生的参考用书。

图书在版编目（CIP）数据

家兔快速致富养殖技术大全/郎跃深，王华主编.
北京：化学工业出版社，2017.3（2019.6重印）
（小家畜规模化规范化养殖丛书）
ISBN 978-7-122-28820-2

Ⅰ.①家…　Ⅱ.①郎…②王…　Ⅲ.①兔-饲养管理　Ⅳ.①S829.1

中国版本图书馆 CIP 数据核字（2017）第 002010 号

责任编辑：李　丽　　　　文字编辑：赵爱萍
责任校对：边　涛　　　　装帧设计：关　飞

出版发行：化学工业出版社（北京市东城区青年湖南街 13 号　邮政编码 100011）
印　　刷：北京市振南印刷有限责任公司
装　　订：北京国马印刷厂
850mm×1168mm　1/32　印张 8¾　彩插 3　字数 197 千字
2019 年 6 月北京第 1 版第 4 次印刷

购书咨询：010-64518888　　　　售后服务：010-64518899
网　　址：http://www.cip.com.cn
凡购买本书，如有缺损质量问题，本社销售中心负责调换。

定　　价：29.00 元

编写人员名单

主　　编　郎跃深　王　华

副 主 编　郭兴华　鲍继胜

编写人员　（按姓氏汉语拼音排序）

鲍继胜　郭兴华　郎跃深

倪丹菲　王　华　肖希田

张晓武　周景存

前言

家兔养殖的历史悠久，我国更是兔肉、兔皮出口大国。同时，家兔养殖具有繁殖快、用粮少、易饲养、投资少（饲养成本低）、周转快（生产周期短）、收益大（经济效益高）等特点，又由于我国地形的多样性，所以具有得天独厚的养兔地理条件，是农村脱贫致富的理想项目，非常适应在山区发展。加上兔产品特殊的经济价值，使养兔业获得迅速发展。

兔肉具有高蛋白质、高赖氨酸和高消化率，低脂肪、低胆固醇和低能量的特点，兼具营养和保健功能，代表了当今人们对动物食品的时尚追求方向。

獭兔皮具有短、平、细、美、牢的特点，其裘皮制品具有轻、柔、暖的特性，受到消费者的喜爱。

兔毛是我国轻纺工业的高档纺织品原料之一，具有毛纤维细长，富有光泽，弹性好，拉力强的特性；具有轻、软、舒适、暖和、美观、大方的特点，可制成各种衣服制品，也深受国内外顾客的欢迎。

因此，家兔养殖具有广阔的前景。饲养家兔是广大农民脱贫致富奔小康的捷径之一。这是因为家兔是典型的高效节粮型小家畜，同时家兔容易饲养，对饲养条件和饲料条件适应性广，饲养管理比较容易，男女老幼均可饲养，地面、网上、笼中都可饲养，既可粗放养殖，也可专门化养殖。而且，种兔价格低廉，一般家庭都买得起。家兔繁殖力强，产仔率高，饲养周期短，在生产安排上灵活性大，资金占用少，周转快。饲养家兔收益大，广大农村以草换肉、换皮、换毛，以草换钱，能为农村剩余劳动力找到致富出路，正如俗话所说："不争劳力靠老小，家家户户都能搞；养上 3 只兔，不愁油盐醋。"兔不仅能满足人们的衣食需要，还为工农业生产提供优质原料和肥料。

编者

2017 年 1 月

CONTENTS

目录

第四章 家兔的繁殖 51

第六章 家兔的营养需要和饲料配合 95

第十章 兔病防治 212

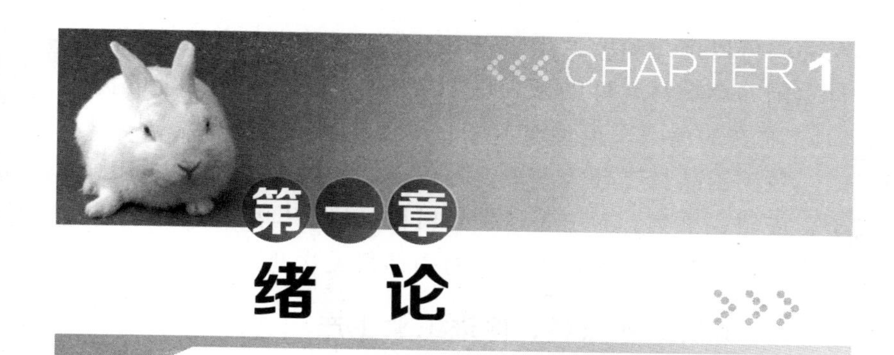

绪论

一、发展养兔生产的意义

1. 投资少，见效快，收效高

家兔是小动物，一般农户都买得起。管理也比其他家畜简单，可以笼养，也可以庭院围栏圈养，不需要大的设施和大的设备，投资少。兔又是草食动物，饲料来源广泛，野草、野菜、树叶以及农作物秸秆和粮食加工副产品等，都可以作为家兔的饲料。一般农村的辅助劳力、老人、孩子，都可以胜任管理工作。兔子是经济动物，是多胎动物，具有性成熟早、妊娠期短、胎产仔数多、哺乳期短、繁殖速度快等特点，在优良的饲养条件下，1只母兔1年可以产仔5～6窝，每窝6～8只，每只母兔每年可生产后代40只左右。幼兔长到6～7个月，又可配种繁殖，其经济效益显著，是最适合发展规模养殖的畜种之一。

2. 改善人民生活，满足消费者需要

兔肉营养丰富，肉质细嫩，易于消化，而且含有人体容易缺乏的赖氨酸和色氨酸。另外，兔肉含磷脂多，含胆固醇少，

吃兔肉可以预防动脉硬化。还由于兔子繁殖快，生长快，一般母兔饲养 2 个月就可以长到 1.5kg，1 只繁殖母兔 1 年可提供 34kg 左右的兔肉，是人们理想的肉食补充来源。

兔皮制品具有轻柔、美观等优点，如果制成皮大衣、皮帽子、皮领、手套、褥子等，别具风格。特别是獭兔和青紫蓝兔的制品，被誉为珍品，出口或内销都很受欢迎。

3. 提供工业原料，促进工业生产

家兔全身是宝，可为毛纺、制裘、食品、生物制品等提供宝贵的原料。兔毛是高级的毛纺原料，高级的兔毛织品，可直接当衬衫穿。肉兔是我国优势产业，近年来，我国生产着世界 70%的兔肉（主要为出口加工冻肉）、90%的兔毛和 95%的兔皮，我国是世界兔肉生产、消费和出口大国，年加工能力超过 2.5×10^{8}kg。自 2008 年起，从我国兔肉生产来看，无论兔肉产量和出口方面均占世界第一，是兔肉出口大国。世界人均兔肉占有量 300g 左右，我国为 320g 左右，世界人均消费兔肉 3kg 的有意大利等 7 个国家，但我国主要是家庭消费为主，作坊式加工为主，深加工不足 1%，消费水平低。

如今，我国已步入世界家兔养殖、生产消费和贸易大国行列。随着人民生活水平的提高，兔肉加工的品种将有大的发展。另外，兔肉加工的副产品如内脏、脑等，又是生物药品的原料之一，兔皮是制裘工业的原料，兔的骨、血是动物饲料的来源之一。

4. 家兔是草食动物，不与人争食

家兔是食草畜种，其全价日粮中草食可占到 40%～50%，每只成年兔全天耗料量仅仅为 150g 左右。同时，家兔所需要的青粗饲料来源广泛，如农区或丘陵地带零星草地、干草或作

物秸秆、蔬菜等均可作为家兔的饲料。因此，对于粮食紧缺而饲料粮不足的发展中国家的我国来说，饲养家兔是缓和人畜争粮，发展节粮型畜牧业的最佳选择。

5．提供有机肥有助于粮食生产

兔粪尿是优质的有机肥料，含植物生长必需的氮、磷、钾三要素较高。10 只兔的年积肥量，相当于 1 头猪的年积肥量。每 100kg 的兔粪，相当于 10.8kg 的硫酸铵和 1.78kg 的硫酸钾。经过腐熟发酵的兔粪尿，配成兔粪肥喷洒液，施于农作物效果更佳。不仅如此，田间施用兔粪肥还能抑制和消灭危害农作物的蝼蛄、红蜘蛛等害虫。另外，兔粪肥对改良土壤颗粒结构，增加腐殖质含量，提高土壤肥力大有好处。

二、世界家兔生产概况

（一）家兔生产的主要产品

家兔生产是新兴饲养业，进行商品性生产历史不超过百年。当前，世界家兔生产的产品仍是以兔肉为首，皮和毛次之。

1．兔肉

当前，世界兔肉的年生产量为 1.20×10^9kg，出口兔肉最多的国家是我国，约占国际贸易量的 70%以上。

2．兔皮

世界上兔皮的生产一般依附于兔肉生产，或者二者结合进行。生产兔皮的国家与生产兔肉的国家相一致。我国的兔皮生产每年都在1亿张以上，但仅出口200万张左右，其余供国内加工利用。

3．兔毛

目前全世界兔毛的产量在万吨以上，我国是白色安哥拉兔的主要生产国和出口国，占世界兔毛生产量和贸易量的90％～95％。

（二）世界家兔生产现状及发展趋势

联合国粮农组织认为“养兔是穷人的产业”“养兔是解决穷国饥荒问题的新招”。联合国建议把肉兔饲养业列入发展中国家的发展规划。其生产现状及发展趋势如下。

1．养兔的集约化、现代化

高度集约化、现代化的养兔场，采用封闭式兔舍，自动控温、控湿，自动喂料和饮水，自动清除粪便，大大节省了劳动力，而且不受季节的影响，可以运用密集繁殖，保证四季均衡生产，效率很高，成本降低，而且有利于兽医防疫和控制传染病。

2．饲料生产趋向工业化、标准化及颗粒化

随着集约化生产方式的兴起，出现了饲料加工工厂化、专门化，营养成分标准化，饲料形状颗粒化。很多国家都规定了家兔饲料标准和配方。

3．育种强调产量、质量和饲料报酬

毛用兔着重考虑产毛量和毛的品质，如德系安哥拉长毛兔产毛量几乎达到兔子能够适应的极限，平均1只兔年产毛量达

到1.1kg，有1只冠军兔，体重5kg，年产毛量1.6kg。肉用兔的育种偏重于繁殖力、生长速度和料肉比。皮用獭兔的育种特别强调毛色和皮的质量标准。如美国獭兔的标准毛色有黑色、蓝色、碎花、白花、海狸色、青紫蓝色、巧克力色、紫丁香色、山猫色、乳白色、红色、海豹色等十几个花色品种。

4. 重视家兔研究和推广工作

许多国家建立养兔研究中心，成立专业协会，成立养兔合作社，编写相关的参考资料，召开年会，交流经验，举办展览会，召开拍卖会等，进行科研、生产以及技术推广工作。

三、我国家兔生产概况

我国养兔历史悠久，最早主要是在宫廷供观赏用，饲养的数量也不多，中国白兔是唯一的品种，后来流入民间饲养，但从未被当做经济动物看待。20世纪20年代开始从国外引进英系安哥拉长毛兔，之后又先后引入皮、肉用兔等品种。新中国成立后，我国的养兔业生产迅速发展。目前有家兔品种30多个，在全国各地推广。

四、从实际出发，发展中国模式的养兔业

1. 生产模式因地制宜，不拘一格

我国的家兔生产主要由农民家庭副业养兔和大型养兔公司组成。农民家庭养兔虽然规模不大，管理水平落后，但可以充分利用房前屋后的空闲地，充分利用野草、野菜和农副产品作为饲料，

投资不多，占地少，能充分利用家庭的剩余劳动力，具有资金周转快、灵活性大、风险小的特点。家庭养兔在过去、现在以及将来，都是我国养兔业的主要组成部分和基本力量。

但是，投资养兔应该树立正确理念。世间的任何事情，其结果都有好坏之分，养兔也是一样，有人成功、有人失败。原因主要是在观念和技术上。比如，选购种兔，有的人不注重种兔的质量，错误地认为越便宜越好，结果买进的是退化的种兔。在建舍上，有人严格按照标准建，而有人却凑合。在选购饲料上，有人严格把关，非优不买，而有人专找便宜的买等。两种态度、两种观点，必然会出现两种不同的结果。投资养兔业必须认清规律，即最少坚持 5 年以上，在投资养兔之前就应该清楚认识到风险，有价格的高峰就有价格的低谷，能否坚持住是能否成功的决定因素。

2. 普及养兔知识，推广研究成果

兔子是小动物，过去一直不被人们重视，养兔知识贫乏。1981 年在农业部畜牧总局的主持下成立了“中国家兔育种委员会”，之后又出版和发行了《中国养兔杂志》。目前几乎所用的省市都成立了养兔协会、养兔研究所、养兔技术咨询服务中心等机构和组织。如今在各个乡镇村都成立了大量的养兔合作社，养兔的队伍得到不断壮大，所以我们一定要普及科学养兔知识，采用科学手段和先进技术，尤其是良种选育、杂交组合、饲料搭配、饲养管理和疫病防治等科技知识，实行标准化、科学化饲养，以达到优质、高产、高效的目的。

3. 制定中国家兔饲养标准，推广颗粒料

我国养兔的饲养水平还较低，尤其是家庭养殖，基本上处于“有啥吃啥”的落后状况，不仅饲养周期长，饲料报酬低，

而且单产低，质量差。以毛用兔的饲养为例，我国农村饲养的长毛兔饲料中，普遍缺乏兔毛生长所需要的含硫氨基酸，造成兔毛的产量低、等级低；还有的养殖户用原粮（如稻谷、玉米、小麦等）喂毛用兔，结果是兔子只长膘不长毛，甚至导致消化道疾病，不仅浪费粮食，兔子也没有养好。

同样成分的配合饲料，其形状不同，饲养的效果也不同。据试验，兔子吃颗粒料比吃粉料在生长速度和饲料效能方面都高，而且兔子喜欢吃，饲料浪费也少，营养成分更合理，所以要推广颗粒料。

4. 因地制宜建立商品基地

目前，我国肉用兔和皮用兔主要集中在北方的一些省份，以提供出口的冻兔肉和商品兔皮。毛用兔主要集中在南方地区。我国应该在调查品种资源、饲料资源的基础上，根据气候条件和传统习惯、技术条件等因素，制订全国统一的家兔品种区域规划，并有计划、有步骤地建立肉、皮、毛兔的商品基地，以保证提供优质的商品兔肉、兔皮、兔毛，满足国内消费和外贸出口。

5. 开展兔产品的综合开发，提高经济效益

加工销售是家兔产业化发展和适应市场需要的前提，对养兔业生产起到至关重要的作用。我国目前除了满足传统的外销出口之外，还必须立足于国内的综合深加工利用，以提高养兔的经济效益和社会效益。同时，近年来实行的以销促产、以销定产已经成为养兔业生产的基本原则。如果以原料的形式出口，不仅不经济、不合算，而且容易受到国际市场变化的冲击。进行兔毛生产深加工，其经济效益是显著的。如生产精纺兔毛衫、精纺呢绒、毛毯、毛线以及护膝、护腰等医疗保健用

品。兔毛和羊毛混纺，兔毛与腈纶、麻、丝和棉等纤维混纺和交织。

除了传统的兔肉出口，还进行兔肉深加工，如生产红板兔、熏兔肉、胡子兔、五香兔头、熏兔腿等美食品种。

兔皮除了以原料出口之外，做成獭兔皮服装，也会取得更大的经济效益。

6. 转换外销经营机制，实行养兔统一成交

前些年，兔毛收购、出口混乱。给广大的养殖户造成了很大的损失，影响了养兔积极性。经过总结经验，吸取教训，实行了“兔毛统一收购标准和统一成交”，使得我国这个世界上最大的兔毛生产国和出口国的养兔业得到了健康发展。

7. 养兔的经济效益分析

养兔的规模可大可小，再加上饲料来源丰富，饲养管理技术简单，所以经济效益十分可观。每只母兔 1 年可繁殖 5～6 窝，每窝产仔 6～8 只，能够成活 5～6 只，饲养 90 天即可出栏 25～30 只商品兔，每只商品兔体重可达 2.5kg 左右，按照每千克 7.00 元计算，则毛收入可达 437.5～525 元，年可获利 300～500 元。故群众中流传有：“家养 3 只兔，不愁油盐醋；家养 10 只兔不愁棉和布；家养百只兔，走上致富路”的说法。在广大农村，特别是贫困地区，应因地制宜发展养兔业，是农民脱贫致富奔小康的重要途径之一。

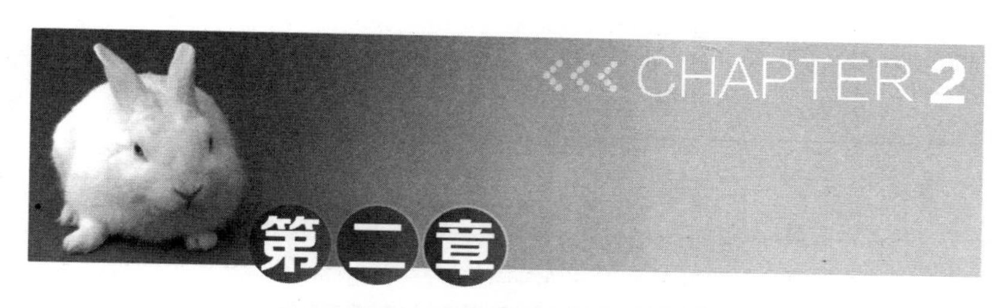

家兔生物学特性

现代家兔，虽然品种不同、类型不同，体形、毛色各异，但都不同程度继承了其祖先——欧洲野穴兔的某些生物学特性。比如，特殊的双门齿、发达的盲肠、原始的双子宫、善于跳跃的身躯结构等解剖学特性，以及昼静夜动、喜欢啃咬、善于刨土挖洞、自食软粪等生活习性。

一、家兔起源及动物学分类

（一）家兔起源

目前世界上的所有家兔品种均起源于欧洲的野穴兔。现在的西班牙和法国的家兔都有这种野兔的原始亲缘，而且在西班牙的地层中找到了这种野兔的化石。我国家兔的起源，根据考证不是我国现在的野兔，而是通过丝绸之路，从欧洲输入的野穴兔。我国的野兔不是我国家兔的祖先，它是兔科中的另一个属（旷兔），这种野兔在旷野中生活，体形小，不会打洞穴居，仔兔出生后就睁眼，有毛，很快就能跑跳。人工饲养很难成活，即使养活也难以繁殖。以上这些特性与家兔显然有巨大差别，家兔与野兔的区别见表 2-1。

表 2-1 家兔与野兔的区别

项目	类别	
	野兔	家兔
起源	旷兔	欧洲穴兔
孕期	40 天	30～31 天
产仔数	3～5 只	6～8 只
出生时的特点	全身有毛，睁眼，有听觉，出生后几小时就能跑，3 天就可吃草料，15 天可断奶，自由吃食	全身无毛，身体裸露，10 天左右才长出毛来，皮肤粉红色
每年母兔繁殖后代数	30 只左右	50～60 只
成年体重	2.5～3kg	4～5kg，比利时兔可达 5～7kg
习性	野性强，不会打洞，毛色多灰黄色，杂有星点黄色长毛，容易掉毛，提起时尖叫。警觉，不敢当面吃食和饮水	会打洞，毛色多样，性情温顺
外貌特征	耳短小、薄，耳尖黑色，四肢细长，后肢强健有力，奔跑速度快，白天活动少，多在晚上吃食。头不小，母性差，无扯毛衔草做窝习性。颈部细，无肉髯，双目炯炯有神，擅长跳跃，可越过 2.2m 高围墙和几米宽的深沟。腰部和两前肢外侧（腹部除外）都有较长的枪毛，稀疏均匀散布	无枪毛，毛紧凑较短，贴顺
繁殖性能	每年的 1～9 月繁殖，1 年可繁殖 3～5 胎，每胎 3～6 只	1 年可产 5～6 胎，每胎 6～8 只
种类数	我国有 9 种：雪兔、东北兔、东北黑兔、华南兔、高原兔（灰尾兔）、塔里木兔、海南兔、云南兔（西南兔）、草兔	全世界已经有 60 多个品种、200 多个品系。我国饲养的有 30 多个品种

（二）家兔动物学分类

家兔在动物学分类上，属于动物界、脊索动物门、脊椎动物亚门、哺乳纲、兔形目、兔科、兔亚科、穴兔属、穴兔种、家兔变种。

二、家兔的外形结构特征

家兔的头小偏长，背部弯曲成弓形，腹部远大于胸部，前肢较短，后肢长而有力，不仅脚趾着地，而且脚掌也着地，后退尤为明显。背腰弯曲和后肢发达与其具有较强的弹跳能力密切相关；腹大胸小则与草食性、繁殖力强、活动少相一致；头小偏长便于采食和钻洞。另外，前肢弱小但很灵活，有利于摄取食物和搔痒（图 2-1）。

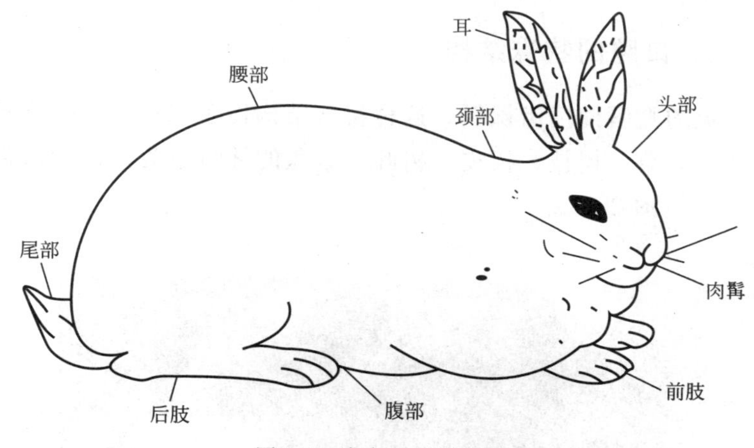

图 2-1　家兔的外形结构

家兔的整个身体可以分为头、颈、躯干、四肢和尾等部分。

三、家兔的消化特性

（一）家兔消化系统的组成

家兔消化系统包括消化管道和消化腺两大部分。消化管道在结构上的顺序是口→口腔→咽→食管→胃→小肠（十二指肠、空肠、回肠)→大肠（盲肠、结肠、直肠)→肛门。

消化腺包括唾液腺、肝、胰以及胃腺、肠腺。

（二）消化器官的主要功能

消化过程是一个机械的、化学的和微生物的复杂的综合过程。机械作用是利用牙齿进行切咬、咀嚼和胃肠的蠕动来消化食物；化学作用是利用消化液中的各种酶把大分子的物质分解成可吸收的小分子物质；微生物的作用主要是靠盲肠内的微生物产生纤维素酶来分解食物中的纤维素，供兔体利用。

1．口腔的特殊结构

兔的豁唇使门齿裸露，这种特殊结构便于采食地面上比较低矮的杂草、树枝、树皮、树叶。家兔的牙齿分为门齿和臼齿（图 2-2、图 2-3)。

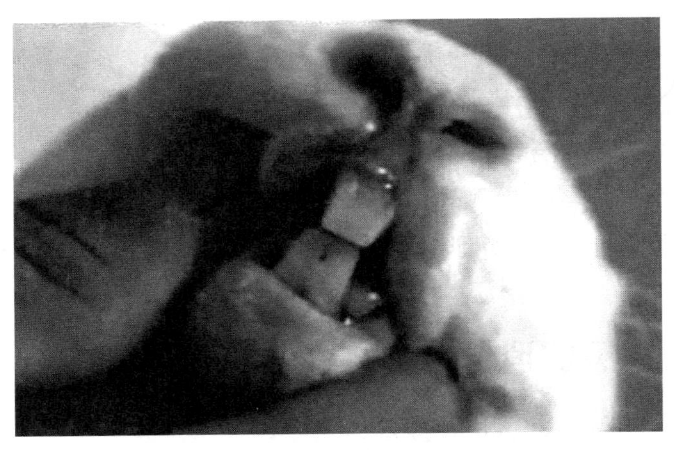

图 2-2　家兔门齿

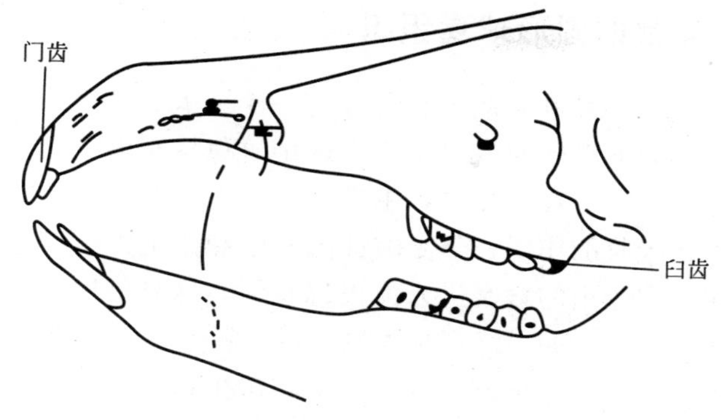

图 2-3 家兔的牙齿示意图

2. 极为发达的盲肠

家兔的小肠和大肠加起来的总长度为体长的 10 倍，盲肠极为发达，在所有的单胃草食动物中，兔的盲肠的容积比例最大。盲肠酷似一个天然的发酵袋，其中繁殖着大量的微生物和原虫，起着反刍动物第一胃（瘤胃）的作用。盲肠内具有螺旋瓣（圆小囊）是其原始性特征（图 2-4）。

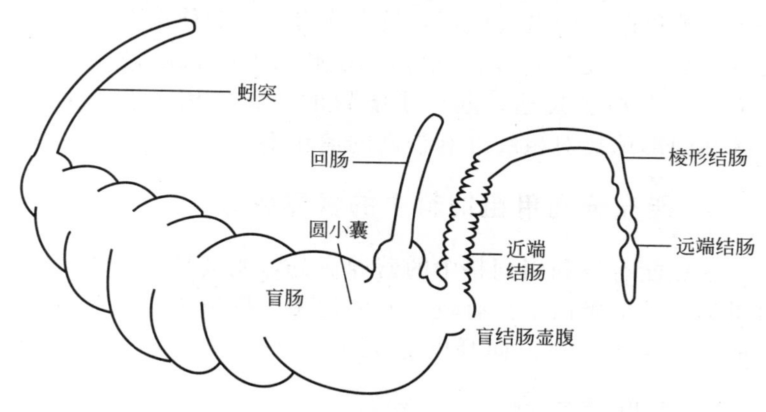

图 2-4 家兔消化道圆小囊结构示意图

3. 异常的圆形球囊组织

在家兔的回肠和盲肠连接处，有一个膨大、壁厚、中空的圆形球囊，称为淋巴球囊或圆小囊，这是家兔特有的。它具有发达的肌肉组织，它与盲肠相同，主要功能有三，即机械压榨食物的作用；消化吸收的作用，分泌碱性溶液中和微生物所产生的有机酸的作用。回肠内的食糜进入淋巴球囊时，球囊借助发达的肌肉进行压榨，消化后的最终产物大量地被球囊壁的分支绒毛所吸收。同时，球囊还不断分泌碱性液体，中和微生物生命活动而产生的有机酸，从而保证了盲肠内 pH 值环境的稳定，保持菌群平衡，有利于微生物繁殖的环境，有利于饲草中粗纤维的消化。

（三）家兔的消化生理特点

1. 能够有效利用低脂高纤维的饲料

家兔是单胃草食性动物，其消化器官特别发达，故采食饲草的种类较多。上唇纵向裂开、门齿裸露，上下门齿呈凿形咬合，便于切断和磨碎食物，适合采食矮草和啃食树叶、树枝和树皮；家兔臼齿的咀嚼面宽，且有横脊，适合研磨草料。家兔的胃占整个消化道容积的 34%，小肠、大肠长度是其体长的 10 倍，盲肠极为发达，起到了瘤胃的消化作用，借助家兔的盲肠和圆形球囊对粗纤维有较高的消化率。

2. 能充分利用粗饲料中的营养成分

家兔能有效利用饲料中的营养成分，尤其是蛋白质。家兔对粗饲料中的蛋白质具有较高的消化率，据报道家兔对粗蛋白的消化率为 80.2%，而马仅为 52%。

3. 盲肠营养物

家兔摄食的饲料很快进入胃，然后输入小肠，不容易被吸收的物质进入盲肠，受到盲肠内微生物的作用被分解吸收，其余的内容物被排入结肠。

家兔消化道的特点是近侧盲肠具有双重性。盲肠内容物早晨进入结肠时，结肠壁分泌一种黏液，通过结肠的收缩，把结肠的内容物逐渐包围，形成球状物，并聚集成串，即所谓“盲肠内容物”或称为“软粪”；如果盲肠内容物在其他时间进入结肠时，其形状就不同了。由于结肠的连续性收缩并交替变换方向，使结肠内容物中含有小颗粒（直径不到0.1mm）的液体部分大都被挤入盲肠；而含有大颗粒（直径在0.3mm以上）的坚硬部分则形成硬的粪粒排出体外。兔子的结肠利用它的双重功能，制造出两种性质不同的粪便，前者为软粪，后者为硬粪粒。软粪中含有生物学价值较高的蛋白质和水溶性维生素。

4. 仔兔消化系统的脆弱性

家兔为单室胃，胃壁较厚，黏膜为白色，皱褶较小并且少。仔兔在15日龄之前，胃内只能分泌凝乳酶，没有消化能力，因此，仔兔在15日龄前胃内不能消化蛋白质。16日龄后，胃内的酸度不断提高，有了胃蛋白酶，才具有了消化饲料中蛋白质的能力。30日龄时，胃才发育完全，提早补饲可以促进胃酸的分泌，从而才能消化蛋白质饲料，才能明显增重。

30日龄以上的仔兔腹壁容易受凉，主要原因是仔兔长时间卧于温度较低的地面或竹片或铁丝的笼子上过夜，或在饮用冰碴凉水等情况下，肠壁受到冷凉的刺激时，蠕动加快，小肠内没有被消化吸收的营养很快地进入盲肠，造成异常发酵，形成有害菌滋生，大量繁殖，造成腹泻，尤其是集约化养殖的就更容易发生。

5. 粗纤维对家兔必不可少

在家兔日粮中供给适量的粗纤维对于家兔是非常有益的。

据专家说：家兔每天排出的软粪量以及成分不受饲料性质的影响，而且软粪之中干物质的含量也与饲料中的纤维素含量无关。由于家兔特殊的消化功能，要求供给粗颗粒填充物。如果饲料中所含粗纤维少或极易消化，那么粪便向盲肠的输送量就增多，但盲肠内容物缺少供给盲肠微生物所需的养分，在这样的条件下，就使各种不同的细菌增殖，其中一部分是有害的。因此，应该为家兔提供适量的粗纤维作为填充物，以保证消化道的正常功能。如果饲料中缺乏粗纤维，兔子就养不好，可能经常拉稀而死亡，或体质瘦弱，不能繁殖。

四、繁殖生理特性

（一）生殖系统的组成

1. 公兔的生殖系统

公兔的生殖系统包括睾丸（精巢）、附睾、输精管、副性腺以及阴茎等。

2. 母兔的生殖系统

母兔的生殖系统包括卵巢、输卵管、子宫、阴道和外生殖器等。

（二）繁殖生理特性

1. 繁殖力强

每窝产仔多，妊娠期短，1 年多胎，母兔产后不久即可配种受孕。仔兔生长发育快，性成熟早。据报道，1 只繁殖母兔 1 年可提供商品兔 40 多只，如果把母兔 1 年所生的子女的繁殖力也计算上，那是很惊人的数字，母兔的繁殖周期见图 2-5。

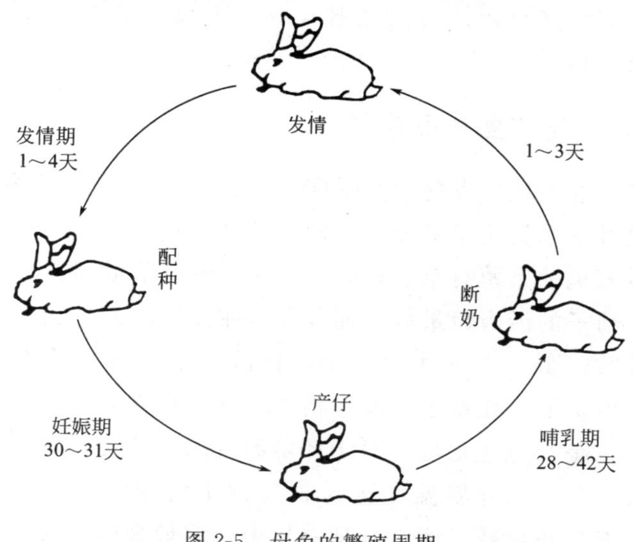

图 2-5　母兔的繁殖周期

2．双子宫与阴道射精

家兔的子宫是原始的双子宫类型，而且阴道相当长。在人工授精时，如果输精管插得过深，可能插入一侧子宫颈口，导致只是一侧子宫受孕，另一侧不孕的现象。

3．刺激性排卵

家兔与其他家畜不同，没有明显的发情周期，属于刺激性排卵动物，即在母兔的卵巢内经常有许多发育成熟的卵泡，随时都有可能排出。但是它的排卵不是自发的，而是需要某种条件刺激（如公兔的交配、母兔的相互爬跨等）的诱导后，方可将成熟的卵泡排出。实践证明，母兔一般排卵的时间多在刺激后 10～12h。如果在发情期内不交配、母兔不排卵，成熟的卵泡就会衰老退化，10～16 天后被吸收。这种特性在生产上是有好处的。生产实践证明，在母兔发情时不予交配的情况下，给母兔注射人绒毛膜促性腺激素（HCG），也可诱导排卵。

4. 公兔“夏季不育”

不少的养殖户发现“夏季配不上种”，到底是什么原因呢？后来通过技术员化验公兔的精液品质才明白。原来环境温度和光照对家兔的繁殖有重要影响，3月公兔射精量和精子的密度最高，精子的活力也最好。而夏季（主要是7月）公兔食欲下降，性欲降低，睾丸体积缩小，精液品质下降，精子活力降低，浓度降低，死精子和畸形精子的比例增高。

无论是公兔还是母兔对于环境温度的变化是很敏感的，特别是长毛兔，当外界温度达到32℃以上时繁殖效率就明显下降，甚至停止繁殖，而7月是一年中气温最高的月份。光照也是一个重要因素，公兔喜欢较短的光照，而7月光照时数恰恰是一年中最长的。由于气温、光照等的影响造成家兔生理上的一系列变化，公兔的睾丸在7月缩小60%，性欲降低，食欲减退，消化能力下降，故有人把公兔在夏季不易繁殖的现象形象地叫作公兔“夏季不育”。

5. 母兔“假孕”

母兔经过诱导刺激排卵后并没有受孕，却有妊娠反应，出现腹部增大、乳腺发育等妊娠症状，这种现象叫作假孕。也就是母兔在受到性刺激后排卵而未受精，形成已经怀孕的假象，如不接受公兔的交配、乳腺膨大、衔草做窝等。造成“假孕”的原因是由于不育公兔的性刺激造成的，或是母兔之间相互追逐爬跨引起母兔排卵。假孕后立即配种极易受孕，生产中常用复配的方法防止假孕。

6. 胚胎在着床前后的损失率较高

据报道，家兔胚胎在着床前后的损失率为29.7%，对于着床损失率最大的影响因素是肥胖。据报道，肥胖者胚胎死亡率可达44%。母兔过于肥胖时，由于体内沉积大量脂肪压迫生殖器官，使得卵巢、输卵管容积变小，胚胎不能很好地发育，降低了受胎率，使得胎儿早期死亡。

五、家兔的体温调节

（一）家兔的正常体温

家兔属于恒温动物，正常体温在38.5～39.5℃。家兔的临界温度是5～30℃（对外界温度要求的极限范围）。如果超过这个限度就会影响兔的正常生长和繁殖或生产性能下降。所以，调节兔舍温度是十分重要的。最适合的外界温度是15～25℃。当外界温度较长时间在35℃以上时，如果不采取降温措施就可能发生中暑甚至死亡，尤其是高产的毛用兔。相对来讲，家兔怕热不怕冷（刚出生的仔兔除外），成年兔可以忍受低温，甚至是0℃以下的低温。

（二）家兔的体温调节方式

家兔被毛较厚，汗腺很少，成年兔被毛密度大，体温调节机能不健全，主要是依靠呼吸散热，所以，维持体温平衡有一定的限度。长期高温对家兔的健康是有害的，当外界气温由20℃上升到35℃时，家兔的呼吸量增加5.7倍，所以，就减少活动，这与兔的“昼伏夜出”的生物学特性相一致。因此，生产上在夏季要注意防暑降温，如果长期生活在35℃或更高的温度条件下，会因为中暑等引起死亡。

仔兔怕冷。初生仔兔全身无毛，体温调节机能很差，体温不恒定，出生后第10天，体温才趋于恒定，30天后被毛基本形成，对于外界环境才有一定的适应能力。

不同阶段的家兔要求的环境温度不同，初生仔兔需要较高的温度，最适温度为30～32℃。成年兔的适宜温度为14～20℃。一般适合家兔生长和繁殖的温度是15～25℃。

六、家兔的生长发育规律

仔兔刚出生时，耳、眼闭塞，全身无毛，身体各个系统发育不健全，尤其是体温调节功能和感觉器官功能更差。出生后3～4天长出绒毛，11～12天睁开眼，开始有视觉，3周龄时才可出巢吃饲料。

仔兔刚出生时体重小（40～60g），但随后增重迅速加快，出生后1周体重可增加1倍以上，4周龄时其体重约为成年体重的12%，8周龄时体重约为成年体重的40%，8周龄后生长速度逐渐下降。在仔兔生长的早期，饲料的利用率高。家兔生长发育的速度非常快，整个生命过程大体上分为3个阶段，即胎儿期、哺乳期和断奶后期。据报道，断奶重将影响家兔一生的生长速度，生产中应加强泌乳母兔的饲养管理，合理调整哺乳仔兔数，以获得较高的断奶重。

1. 胎儿期

胎儿期是指从母兔妊娠到仔兔出生。在妊娠后期生长最快。胎儿生长速度的快慢与妊娠仔数、母兔的营养水平、胎儿在子宫内的排列位置有关。一般是妊娠仔数多，胎儿体重小；母兔营养水平低，胎儿发育慢；接近卵巢端的胎儿比远离卵巢的胎儿重。

2．哺乳期

哺乳期就是从出生到断奶这段时间。这个时期生长发育快。在1月龄时增重达到最高峰，之后逐渐下降。这一时期的生长发育主要受母乳的影响。与母兔体况、饲料种类和带仔数的多少有关。

3．断奶后期

断奶后期是指从断奶到成年。此期的增重速度和生长发育状况主要受遗传因素和环境因素（饲料、管理、自然条件）的影响。

七、家兔的换毛和脱毛规律

正常的换毛可以看作是家兔对外界环境的一种适应表现。换毛分为年龄性换毛和季节性换毛两种类型。

1．年龄性换毛

发育正常的仔兔30天后全部乳毛长成，从30～100日龄为生长期的第1次换毛期；130～190日龄为生长期的第2次换毛期；尤其是30～90日龄最为明显。6.5～7.5月龄以后幼兔的换毛与成年兔一样进行。一般称幼兔期的第1、第2次换毛为年龄性换毛。

2. 季节性换毛

季节性换毛是成年期的家兔每年春、秋两季各换1次毛，即春季换毛和秋季换毛。换毛的月份和确切时间，因地区稍有不同。北方地区春季换毛发生在3月初至4月底；秋季换毛发生在9月初至11月底。南方地区秋季换毛多在9月中旬到11月底。换毛快慢、持续时间长短与气候变化的快慢有关。另外，也受年龄、健康状况和饲养水平等因素的影响。

家兔换毛有一定的顺序。秋季换毛先由颈部的背面开始，紧接着是躯干的背面，再延伸到体两侧和臀部。春季换毛与秋季换毛的顺序相似，只是颈部毛在夏季持续不断地脱换。

家兔换毛期体质较弱，消化能力低，对气候的适应能力也减弱，容易感冒。所以，在换毛期要加强饲养管理，供给易消化的、蛋白质含量高的饲料，特别是含硫氨基酸丰富的饲料，对兔毛的生长尤为有利。

八、家兔的一般生活习性和行为

（一）昼静夜动，喜睡觉

家兔的生活习性与鼠接近，都属于啮齿类动物。由于野生穴兔体格弱小，对敌害防御能力差，在进化过程中经过长期的自然选择，逐渐形成了昼伏夜行的习性。所以，家兔至今仍然保留着这种习性，白天安静地卧伏在笼中，常静伏，闭目养神，甚至睡觉。夜间十分活跃，并大量采食及饮水。这个习性与家兔进化时的生态环境、在动物界所处的地位有关。根据观察，家兔夜间采食量及饮水量占总量的75%。有经验的养殖户都知道，晚上看兔子时，发现它的眼睛特别亮，这也与兔的夜行性有关。所以，在饲养时应合理安排饲养日程，晚上喂足料，饮足水；白天除了喂料和必要的管理工作之外，尽可能不要惊扰家兔，保持安静的环境。

在某种条件下，家兔很容易进入困倦或睡眠状态，这时感觉能力降低甚至消失。例如，将兔侧卧或四脚朝上呈“U”字形姿势，然后用手轻轻顺毛抚摸，或按摩太阳穴，在1min内家兔就会进入睡眠状态。

（二）性格孤独，合群性差

兔子不合群，喜好独处，具有独居的特点。在自然条件下，都各自打洞独居，只有在交配季节才在一起。在群养条件下，公、母兔之间或同性别间，在一起时常常争斗、撕咬，咬伤皮肤，降低毛皮质量，尤其是公兔之间的争斗更为严重，很容易引起外伤，如把耳或睾丸咬掉等，因此在生产中，对于3月龄以上的公、母兔应及时分笼饲养，或单笼调养，非种用公兔及时去势。

家兔的这一习性与野穴兔的长期穴居有关。穴居是为了隐蔽身体、繁殖后代，但是，一个小洞不可能“四世同堂”，故仔兔一旦断奶即被母兔赶走，让其自谋生路。因此，养成了一种独立生活的习性。

（三）胆小懦弱，警觉性高

兔是弱小的动物，是一种胆小的动物，因为其自身的防卫能力差，只有逃跑是它的长处，毫无自卫能力，所以有高度的警觉性。人们要笑胆子小的人时常说：“胆量和兔子一样”。所以，突然的喧闹声、生人和陌生动物，如猫、狗等的出现都会使它惊慌失措、惊恐不安。它凭借一对听觉敏锐、活动自如的长耳朵，一旦发现危险，就逃跑或钻洞。汉字的“逸”就是由此演化而来。所以，在饲养管理中，应尽量避免引起兔子惊慌的应激因素，同时要禁止陌生人和猫、狗等进入兔舍。在日常管理时不要惊吓它，切忌粗暴。否则会造成食欲下降，母兔流产，哺乳母兔拒绝给仔兔喂奶，甚至会发生咬伤、咬死仔兔的现象。

家兔的嗅觉十分灵敏，虽然视觉不够发达，但是可以依靠嗅觉识别饲料，采食前总是先用鼻子嗅闻一下再吃。通过嗅觉还可以辨认出仔兔是不是自己生的。在生产管理上要注意防止仔兔身上染有其他气味，否则母兔会拒绝哺乳，甚至咬死仔兔。寄养仔兔时，必须选用适当的处理方法，才能寄养。

（四）喜啃咬和打洞

兔子啃咬东西的行为与兔子的门齿生物学特性有关。兔属于啮齿类动物，与鼠类的啮齿相似，它的大门齿是恒齿，终生处于生长状态，发达而且锐利，上颌门齿平均每年生长 10cm，下颌门齿平均每年生长 12.5cm，由于其不断生长，家兔必须不断磨损，才能保持其上下门齿的正常咬合。兔的上唇形成豁唇，门齿外露，更便于啃咬，这对于采食也十分有利。但啃咬这一习性对于兔笼及养兔用具则不利，尤其是木质的兔笼及用具，很容易被啃坏，所以兔笼最好用铁丝制成。如果经常给家兔喂食柔软料，门齿就得不到磨蚀，兔就自然而然地要啃咬木笼等物，以保持适当的齿长，不然门齿太长，兔子的嘴就闭不上了，影响采食。因此，有人主张在兔笼内放一些短的树枝，供家兔啃咬，一方面是为了照顾兔的习性，另一方面也是为了减少了对兔笼的破坏，这一做法是可取的。制作兔笼时尽量不留棱角，防止兔子啃咬，以延长兔笼的使用年限。

其次，家兔具有打洞穴居性，并且有在洞内产仔的本能行为，这是长期自然选择的结果。由于家兔的脚爪很发达，喜欢刨土打洞。因此，兔舍的地面、墙角必须坚固，否则兔子会从坑道中逃逸。此外，成年的公、母兔应定期剪脚爪。在笼养的条件下，需要给繁殖母兔准备一个产仔箱，让其在箱内产仔。

（五）喜干燥爱清洁

兔的汗腺不发达，被毛又厚，主要靠呼吸散热，故长期处于高温（35℃以上）的潮湿环境，会引起大批死亡。试验证明，成年兔最理想的环境温度为14～20℃，初生仔兔窝内温度为30～32℃，这些数据对我们采取相应的管理措施有很重要的参考价值。

在一般情况下，兔子喜欢躺卧在干燥清洁的地方。因为干燥清洁的环境能够保持兔子健康的体况，使其正常地生长、发育和繁殖后代。相反，潮湿污秽的生活环境会招致传染病和寄生虫病的发生。兔子抗病力差，一经感染将会给生产带来严重损失。干燥、清洁对家兔健康十分有利，而兔也很讲卫生，经常用前爪“洗脸”，而在吃食、拉屎撒尿和睡觉三点定位。如果家兔的肛门、口、鼻不清净时，说明有病，要尽快查清原因，对症治疗。

另外，兔子对饲料也很挑剔，夹带泥沙的饲料或被粪尿污染的饲料，它是不吃的。在管理工作中应经常打扫兔舍并保持兔舍、兔笼的卫生清洁，不喂夹带泥沙或被粪尿污染了的饲料。

（六）自食软粪的行为

兔子食软粪行为也是一种习性，从开始吃草料后，终生不会间断。兔子食软粪应看作是兔子对食物的一种本能反应，也是正常的生理现象。因为在旷野中生活时，食物质量很差，不能维持生长发育和繁殖的营养需要，食粪后经再消化，吸收其养分，以满足机体对营养的需要。因此，食粪行为是积极的良好习性，对家兔生长有着非常重要的意义。

兔子食粪，不是食所有的粪，而是只食自己晚间排出的软粪粒。家兔每天由肛门排出的粪便有两种：一是白天排出的粪便为大颗粒，就是通常所看到的兔粪；二是夜间或清晨排出的，小颗粒并带有包膜的软粪粒（盲肠营养物）。软粪粒一经排出，即被兔子吞食，不留痕迹，一般不易被人们察觉（图 2-6）。

图 2-6　家兔食软粪行为示意图

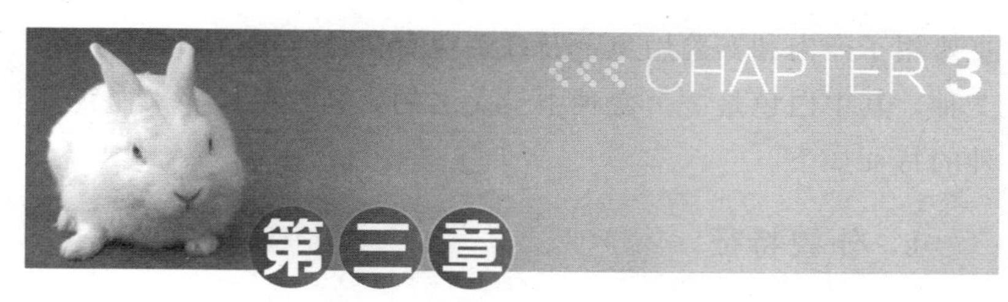

家兔的品种

家兔根据经济目的和选育目标，采取了不同的选育方法和饲养管理措施，使其外貌特征、体重大小、被毛结构以及其他生产性能方面产生了显著差异，就形成了不同的品种。目前，全世界已经有60多个品种、200多个品系。我国饲养的有30多个品种。

按照主要产品的经济用途，可将家兔分为肉用型、毛用型、皮用型和兼用型4种类型。

一、肉用兔品种

肉用兔是指以兔肉为主要产品的家兔品种。肉兔的品种种类还是比较丰富的，养殖户可以根据自己的养殖方向（也就是养种兔还是商品兔）、养殖经验、经济实力、场地大小、当地市场行情、经营运作能力等因素，考虑选择合适的品种来养殖，从而达到脱贫致富的目的。

（一）新西兰兔

新西兰兔原产于美国，是近代世界著名的肉用品种之一，主要用于产肉和实验用兔。新西兰兔有白色、黑色和棕色3个变种，其中白色是3个变种中最著名的，饲养量最多。白色变种的特征如下。

1. 外貌特征

新西兰白兔全身被毛纯白，眼呈粉红色，头宽圆而粗短，耳朵短小，耳宽厚而且直立，后躯滚圆，腰肋丰满，四肢较短，健壮有力，全身结构匀称，发育良好，具有肉用品种的典型特征（图3-1，彩图）。

图3-1　新西兰兔

2. 生产性能

新西兰兔体形中等，最大的特点是早期生长发育快，在良好的饲养条件下，8周龄体重可达1.8kg，10周龄体重可达2.3kg，成年公兔体重可达4～5kg，成年母兔4.5～5.5kg。产肉率高，肉质细嫩。该品种繁殖力强，平均每胎产仔7～8只。也较耐粗饲，饲料利用率高，适应性和抗病力较强。特别是该品种有丰厚的脚毛，脚皮炎的发病率低，适合规模化笼养。新西兰白兔引入我国以后，被养兔界公认为是有前途的肉用优良品种。

3. 主要优点

新西兰兔的产肉率高，肉质良好，适应性和抗病力较强。

4. 缺点

该品种毛皮质量较差，毛皮的利用价值较低。

（二）加利福尼亚兔

加利福尼亚兔育成于美国加利福尼亚州，是由喜马拉雅兔、青紫蓝兔和新西兰白兔杂交育成的，是现代著名肉兔品种之一，是一个专门化的中型肉用品种。

1. 外貌特征

该品种毛色以纯白色为基础，鼻端、两耳、四脚及尾部被毛为黑色或铁锈色，俗称“八点黑”。幼兔色浅，随着年龄增长颜色逐渐加深；冬季色深，夏季色浅。肌肉丰满、颈短粗、臀部发育良好，耳小直立，眼呈红色（图 3-2，彩图）。

2. 生产性能

体形中等，仔兔出生重 60～70kg，6 周龄体重 1.0～1.2kg。3 月龄体重可达 2.5kg 以上。成年体重，公兔 3.6～4.5kg，母兔 3.9～4.8kg。繁殖力强，平均每胎产仔 7～8 只。

3. 主要优点

该品种的主要优点是早熟易肥，肌肉丰满，肉质肥嫩，屠

图 3-2　加利福尼亚兔

宰率高。母兔性情温顺，泌乳力好，是有名的“保姆兔”。

4. 缺点

生长速度略低于新西兰兔，断奶前后饲养管理条件要求较高。

（三）比利时兔（弗朗德巨兔）

比利时兔是由野生穴兔改良而成的大型肉兔品种。

1. 外貌特征

比利时兔被毛呈黄褐色或栗壳色，毛尖略带黑色，腹部灰白色，两眼周围有不规则的白圈，耳尖部有黑色光亮的毛边。眼睛为黑色，耳大而直立，稍倾向于两侧，面颊部突出，脑门宽圆，鼻骨隆起，类似于马头，俗称“马兔”（图 3-3，彩图）。

图 3-3　比利时兔（弗朗德巨兔）

2. 生产性能

该兔体形较大，仔兔出生重 60～70g，最大可达 100g，6 周龄体重 1.2～1.3kg，3 月龄体重可达 2.3～2.8kg。成年体重，公兔 5.5～6.0kg，母兔 6.0～6.5kg，最高可达 7.0～9.0kg。繁殖力强，平均每胎产仔 7～8 只，最高可达 16 只。

3. 主要优点

生长发育快，适应性强，泌乳力强。与比利时兔、中国白兔、日本大耳白兔杂交，可获得理想的杂种优势。

4. 缺点

不适合笼养，饲料利用率较低，容易患脚癣和脚皮炎等。

（四）公羊兔

公羊兔又叫垂耳兔，因其两耳长宽而下垂，头型似公羊而得名，是一个大型肉用品种。性情温顺，不爱活动，过于迟钝，故有人称其为“傻瓜兔”。

1．外貌特征

被毛颜色以黄色者居多。头粗糙，眼睛小，脖颈短，背腰宽，臀部圆，骨骼粗，体质疏松肥大。

2．生产性能

该品种兔早期生长发育快，40 日龄断奶重可达 1.5kg，成年兔体重 6～8kg，最高者可达 9～10kg。耐粗饲，抗病力强，易于饲养。其繁殖性能低，主要表现在受胎率低，哺育仔兔的性能差，产仔少。

3．主要优点

该品种兔与比利时兔杂交，效果较好，二者都属于大型兔，被毛颜色比较一致，杂交一代生长发育快，抗病力强，经济效益高。

4．缺点

受胎率低，哺乳能力不强。

（五）齐卡肉兔

由德国 ZIKA 肉兔育种公司培育而成，是当前世界上著名的肉兔配套品系之一。我国在 1986 年由四川省畜牧兽医研究所首次引进、推广并试验研究。

1．外貌特征

全身洁白，眼睛呈粉红色，后躯较高，四肢粗大，背腰宽，后躯肌肉丰满，属于巨型兔，发育早，生长快，适应性好，抗病力强。

2. 生产性能

在标准饲养条件下，仔兔出生体重 70～90g，成年兔体重 6～8kg，73 日龄体重达 2.5～3.0kg，屠宰率 60%以上，肉质细嫩。每胎产仔 8～16 只，肥育成活率达 93%。经研究表明，齐卡肉兔是集约化、规模化养殖的理想肉兔品种。

3. 主要优点

齐卡肉兔具有生长快、成熟早、体型大、繁殖力强和适应性好的特点。

4. 缺点

繁殖性能一般。

（六）布列塔尼亚兔

该兔又称法国大白兔，原产于法国，是现代大型肉兔配套系，由 A、B、C、D 四个品系组成。

1. 外貌特征

祖代公、母兔或父母代公、母兔，被毛均是纯白色，眼为红色。头较粗重，两耳大而直立，躯体丰满结实，腰肋部肌肉发达，四肢粗壮，具有肉用品种的典型特征（图 3-4，彩图）。

2. 生产性能

配套系祖代之一（A），成年兔体重 5.8kg 以上，性成熟

图 3-4　布列塔尼亚兔

期 26～28 周龄，70 日龄体重 2.5～2.7kg，料重比 2.8∶1；祖代之二（B），成年兔体重 5kg 以上，性成熟期 17～18 周龄，70 日龄体重 2.5～2.7kg，料重比 3∶1，年产 6 胎，可育成仔兔 50 只；祖代之三（C），成年兔体重 3.8～4.2kg，性成熟期 22～24 周龄；祖代之四（D），成年兔体重 4.2～4.4kg，性成熟期 17～18 周龄，年产 6 胎，可育成仔兔 50～60 只。父母代（AB，父系），成年兔体重 5.5kg 以上，性成熟期 26～28 周龄；父母代（CD，母系），成年兔体重 4～4.2kg，性成熟期 17～18 周龄，年产 6～7 胎，每胎产仔 10～11 只。商品代（ABCD），35 日龄断奶体重 900～980g，70 日龄体重 2.5～2.6kg，料重比 2.7∶1，屠宰率 59%，胴体净肉率 85%以上。

3. 主要优点

该品种兔是在良好的环境和营养条件下培育而成的，具有较强的适应性、抗病性和较高的繁殖性能以及肥育性能，适宜于集约化、规模化生产。

4. 缺点

需要完整的体系、较高的技术和足够数量的血统，不适宜在小型兔场或养兔专业户中推广饲养。

（七）中华黑兔

中华黑兔是由我国专家培育出的肉兔品种。

1. 外貌特征

中华黑兔体表特征为黑耳、黑眼、黑爪、黑毛、黑尾巴，浑身乌黑发亮，体形中等。

2. 生产性能

母性强，繁殖率高，年产5～8胎，平均胎产仔7～9只，多者达16只，出生仔兔体重50～60g，断奶成活率达90%以上。成年公兔体重3～4kg，母兔体重3.5～4.5kg。

3. 主要优点

适应性强，耐粗饲，前期生长快，遗传性能稳定。其料肉比为2.7∶1，屠宰率为63.5%。

二、毛用兔品种

毛用兔品种是指以兔毛为主要产品的家兔品种。毛用兔品种目前在全世界只有一种，即安哥拉长毛兔（原产于土耳其的安哥拉省），又分为以下几个品系。

（一）英系安哥拉兔

1．被毛特征

英系安哥拉兔被毛雪白，蓬松似棉球，密度较差，用嘴在兔背或体侧逆毛方向吹开毛被，露出皮肤 8～12mm^2。耳端有缨穗状长绒毛，飘出耳外（俗称一撮毛或缨穗毛），额毛、颊毛较多。被毛长达 10～11cm，从脊背自然分开，向两侧披下。毛质细致，含枪毛少，枪毛一般占 2%以下，绒毛含量占 98%以上，年平均产毛量 400～600g。

2．外貌特征

英系安哥拉兔头型圆小，鼻梁低，耳端缩入，耳朵短、宽、薄。

3．生产性能

体形较小，成年兔体重 2.5～3.5kg，繁殖力较强，年可产 4～5 胎，胎产仔 4～6 只。该品系体质较弱，抗病力不强。目前，纯种的极为少见，即使在英国也很难见到。

（二）法系安哥拉兔

1．被毛特征

耳背部无长毛，俗称“光板”，是与英系安哥拉兔相区别的主要特征。被毛密度较差，用嘴在兔背或体侧逆毛方向吹开毛被，露出皮肤约 8mm^2。额毛、颊毛和脚毛较少，腹毛亦较短。毛长 10～13cm，最长者达 17.8cm，粗毛含量高达 8%～

15%，法系安哥拉兔因粗毛多而著名。年均产毛量900g左右，优秀母兔可达1200g。

2. 外貌特征

法系安哥拉兔头稍尖，面长鼻高，耳朵大而直立，骨骼比较粗重。

3. 生产性能

成年兔体重3.0～4.0kg，繁殖力较强，年可产仔4～5胎，胎产仔6～8只，母兔泌乳性能好。抗病力和适应性较强。

（三）德系安哥拉兔

1. 被毛特征

德系安哥拉兔被毛白色，密度大，逆向吹开毛被，几乎看不见皮肤或露出皮肤面积不大于$4mm^2$。被毛细长而柔软，有毛丛结构，排列整齐，结块率低，有明显的波浪形弯曲。四肢、脚毛、腹毛都很浓密。面部无长毛，个别的有少量额毛和颊毛，大部分耳背无长毛，仅耳尖部有一撮缨穗状刷毛（一部分没有）飘出耳外。德系安哥拉兔属于细毛型，细毛占90%以上，两型毛甚少，粗毛长8～13cm，平均长9cm，细毛长5.5～9cm，平均长7.5cm。德系安哥拉兔产毛量高，公兔平均毛量1140g，母兔平均产毛量1351g。

2. 外貌特征

德系安哥拉兔大多数头型偏尖削，但也有少数短而宽的，两耳长，四肢强壮，肢势端正，胸部和背部发育良好（图3-5，彩图）。

图 3-5 德系安哥拉兔

3. 生产性能

德系安哥拉兔体形较大，成年体重 3.75～4.0kg，高的可达 5.7kg。繁殖性能较差，公兔雄性较强，母兔母性较差。年可繁殖 3～4 胎，每胎产仔 5～7 只，夏秋配种不易受胎。耐粗饲性和耐热性较差。抗病能力较差，遗传性能不稳定。

（四）中系安哥拉兔

中系安哥拉兔是将法系和英系安哥拉兔进行杂交，并掺入中国白兔的血统，经过多年选育而成。主要饲养在南方的江浙一带。

由于饲养管理条件和选育目标的不同形成了不同的类群。

（1）**“全耳毛兔”** 侧重于耳毛上，耳毛细长浓密，耳毛特别丰厚，而头部绒毛少，耳部稍尖的（图 3-6，彩图）。

（2）**“狮子头全耳毛兔”** 重视头毛的选择，除了耳毛外，

图 3-6　中系安哥拉兔

头部绒毛也很丰厚，额毛、颊毛连成一片，形成了面部发圆的外形。

(3)“老虎爪兔” 趾间以及脚底密生绒毛。

中系安哥拉兔被毛柔软，绒毛较细，枪毛甚少，被毛结块率高，一般15%左右，公兔尤其高。平均产毛量250～350g。

生产性能上，胸部略窄，皮肤稍厚，成年兔体重2.5～3.0kg。耐粗饲，耐热，适应性和抗病性强。性成熟早，繁殖力强，年繁3～4胎，每胎产仔7～8只，高的可达11只。哺乳性能好，成活率高。该兔体形小，生长慢。

三、皮用兔品种

皮用兔是指以兔皮为主要产品的家兔品种。我国饲养的主要是力克斯兔（即獭兔）和亮兔两个品种。

（一）力克斯兔（獭兔）

力克斯兔（獭兔）属于哺乳纲、兔形目、兔科、兔亚科、穴兔属、穴兔种、家兔变种。原产于法国科伦地区，1919年从普通家兔一个突变种中选育而成，是一种世界著名的天然彩色的珍贵皮用兔。由于其毛皮与水獭相似，故在我国称其为獭兔。

1. 外貌特征

“力克斯”是英文“Rex”的译音，其原意是“兔中之王”。该品种兔最大的特点是被毛短密，枪毛和绒毛一样长，被毛平整光亮酷似水獭。力克斯兔的被毛种类多样，头小嘴尖，额宽，眼大而圆，明亮而敏锐，眉目清秀，耳长中等直立，胡须弯曲，尾巴较短，肉髯明显，后爪宽大，前爪细小，四肢较短细，腹部紧凑，体形结构匀称秀美（图3-7，彩图）。

图3-7 力克斯兔（獭兔）

2. 生产性能

被毛短，一般毛长1.3～2.2cm，以1.6cm左右为好，体重较小，成年兔体重2.5～3.5kg。繁殖性能较强，年繁殖4～5胎，每胎产仔5～8只，哺乳性能好，产肉率高。力克斯兔的缺点是体重小，对饲养管理条件要求较高，对于潮湿和炎热气候抵抗力较差，对巴氏杆菌和疥癣病的抵抗力较弱。

3. 力克斯兔的被毛色型

力克斯兔有20多种颜色。现简单介绍几种。

（1）**白色獭兔**　被毛洁白，眼粉红。

（2）**黑色獭兔**　全身被毛乌黑发亮，眼黑褐色，身毛灰褐色、铁锈色。

（3）**加利福尼亚獭兔**　与加利福尼亚肉兔一样，也是“八点黑”，眼粉红色。

（4）**蓝色獭兔**　被毛纯蓝，不褪、不锈，没有白毛尖。眼蓝色或灰蓝色。

（5）**红色獭兔**　被毛深红黄色，最好为暗红色，腹部也不例外。眼棕色或淡褐色。

（6）**青紫蓝獭兔**　被毛颜色同皮肉兼用品种青紫蓝兔完全一样，毛基部蓝色，中部灰色，梢头浅黑色，腹毛白色或浅蓝色。眼球是棕色、蓝色或灰色。

（二）亮兔

亮兔又称彩兔，是獭兔的一个变种。因被毛鲜艳、光亮、滑润而得名，是我国由美国引进的皮用品种兔。

1. 外貌特征

亮兔皮毛特殊而珍贵，被毛中的枪毛覆盖绒毛，长 2.2～3.2cm，绒毛长度 1.2～1.7cm，枪毛生长快并有较强的弹力，对绒毛有很强的保护作用。亮兔的被毛有红、黑、白、蓝、棕、巧克力色等多种颜色。被毛轻柔细密，光润艳丽，弹性足，不褪色，保温性能强，经久耐用（图 3-8，彩图）。

图 3-8 亮兔

2. 生产性能

亮兔比獭兔体形大，一般成年兔体重 4.0kg 左右，大的可达 6.0kg。母兔可以每年繁殖 4 胎以上，胎产仔 6～8 只，仔兔饲养 5 个月体重达 3kg 以上即可宰杀取皮。亮兔生长发育快，出肉率 50%以上，肉质细嫩鲜美，是高蛋白、低脂肪的美味佳品，作为皮肉兼用兔饲养，收益更为可观。

四、兼用兔品种

皮肉兼用品种是指皮肉皆宜的家兔品种。目前，我国饲养的主要有中国白兔、虎皮黄兔（太行山兔）、哈尔滨白兔、黑优兔、日本大耳白兔、青紫蓝兔、野麻兔、安阳灰兔、喜马拉雅兔等。

（一）中国白兔

中国白兔又名中国本地兔、菜兔等，是世界上较为古老的优良兔种之一，我国长期培育而成的一个优良皮肉兼用品种，分布于全国各地，但由于外来引入品种不断增加，饲养量有所减少。

1．外貌特征

由于是我国本地兔种，并且被毛颜色多为纯白色，故称中国白兔，少数为黑色、灰色、棕色。被毛短而繁密，毛长2.5cm左右，枪毛多，皮板厚实。中国白兔眼睛为红色，头型清秀，耳短小直立，嘴尖颈短，无肉髯，体形较小，体质结实紧凑（图3-9，彩图）。

2．生产性能

该兔为早熟小型品种，仔兔出生重40～50g，30日龄断奶体重300～450g，3月龄体重1.2～1.3kg，成年兔体重2.5～3.0kg。中国白兔最大的特点是繁殖力强，年可产仔6～7胎，对频密繁殖忍耐力强，胎产仔8～10只，多者可达15只以上，母兔性情温顺，哺乳性能强，仔兔成活率高。该品种耐粗饲，

图 3-9 中国白兔

抗寒、抗病，适应性强，肉质鲜美，皮毛质量好。

3. 主要优点

早熟，繁殖力强，适应性好，抗病力强，耐粗饲，是优良的育种材料，肉质鲜嫩味美。

4. 缺点

体形较小，生长缓慢，产肉力低，皮张面积小。

（二）青紫蓝兔

青紫蓝兔又名琴其拉兔、山羊青兔，原产于法国。

1. 外貌特征

青紫蓝兔毛色为灰蓝色，每根毛纤维自基部向上分为石盘蓝色、乳白色、珠灰色、雪白色和黑色五段颜色，夹有全黑与全白的粗毛，吹开被毛呈现彩色轮状漩涡，较为美观。被毛浓度均匀，有光泽。因其毛皮与南美洲产的一种珍贵毛皮兽青紫蓝绒鼠相似，故称其为青紫蓝兔。该兔眼睛呈茶褐色或蓝色，眼圈和尾端、尾底为白色，耳尖及尾背呈黑色，后额三角区和腹部为浅灰色。青紫蓝兔可分为标准型、美国型和巨型三个类型。

(1) **标准型** 体形较小，耳短且直立，面圆小，体质结实紧凑，成年母兔体重2.7～3.6kg，公兔2.5～3.4kg。

(2) **美国型** 于1919年从英国引进的标准青紫蓝兔中选育而成，最初称大型青紫蓝兔。其体形中等，腰臀丰满，成年母兔体重4.5～5.4kg，公兔4.1～5.0kg。

(3) **巨型** 是用弗朗德巨兔杂交而成，偏于肉用的巨型品种，体大耳长，有的一耳竖立，一耳下垂，有肉髯，成年母兔体重5.9～7.3kg，公兔5.4～6.8kg（图3-10，彩图）。

图3-10　青紫蓝兔

2. 生产性能

青紫蓝兔性温顺，耐粗饲，体质健壮，抗病力强，生长发育快，产肉力强，肉品鲜美，毛皮品质较好。繁育力强，年繁4～5胎，每胎产仔7～8只，泌乳力好。该兔在我国分布很广，尤以标准型和美国型饲养量较大。

3. 主要优点

毛皮品质较好，适应性强，繁殖力较高。

4. 缺点

生长速度较慢。

（三）黑优兔

黑优兔，原产于北京市与河北省部分地区，是较受群众欢迎的皮肉兼用型地方优良品种。

1. 外貌特征

该兔被毛纯黑色，浓密光亮，头较粗大，额宽嘴圆，两耳宽厚直立，耳根比较粗壮，群众称它为“大耳黑”，背腰较长，四肢健壮，后躯发育良好。

2. 生产性能

成年兔体重3.5～4.5kg，个别大的体重可达5.0kg，该兔生长发育比较快，抗病性和适应性能较好，耐粗饲，繁育力强，胎均产仔8～10只。

（四）日本大耳兔

该兔是由中国白兔与日本兔杂交育成的优良皮肉兼用型品种。

1. 外貌特征

日本大耳兔以耳大、血管清晰而著称。被毛紧密，毛色纯白，针毛含量较多；眼睛为红色，耳大直立，耳根细，耳端尖，形似柳叶状；母兔颌下有肉髯。

2. 生产性能

日本大耳兔可分为大型兔（5～6kg）、中型兔（3～4kg）、小型兔（2.0～2.5kg）3个类型。我国饲养较多的是大型兔，仔兔出生重60g左右，3月龄体重2.2～2.5kg。年产5～7胎，每胎产仔8～10只，最高达17只。

3. 主要优点

早熟，生长快，耐粗饲，肉质好，皮张品质优良；母性好，繁殖力强，经常作为“保姆兔”。

4. 缺点

骨架较大，胴体不够丰满，屠宰率低，净肉率也较低。

（五）丹麦白兔

该兔又称为兰特力斯兔，是近代著名的中型皮肉兼用型兔。

1. 外貌特征

丹麦白兔被毛纯白，柔软紧密；眼红色，头较大，耳较小、宽厚而直立，口鼻端钝圆，额宽而隆起，颈短粗，背腰宽平，臀部丰满，体形匀称，肌肉发达，四肢较细；母兔颌下有肉髯。

2. 生产性能

该品种兔体形中等，仔兔出生重45～50g，6周龄体重1.0～1.2kg，3月龄体重2.0～2.3kg，成年母兔体重4.0～

4.5kg，成年公兔体重3.5～4.4kg，繁殖力高，每胎产仔7～8只，最高达14只。

3．主要优点

毛皮优质，产肉性能好，耐粗饲，抗病力强，性情温顺，容易饲养。

4．缺点

体形较其他品种偏小而体长稍短，四肢较细。

（六）塞北兔

该兔种系主要分布于河北、内蒙古、东北及西北等地。

1．外貌特征

塞北兔的毛色以黄褐色为主，其次是纯白色和少量黄色；一耳直立，一耳下垂，或两耳均直立或均下垂；头略粗而方，鼻梁上有黑色山峰线，颈粗短；体躯匀称，肌肉丰满，发育良好。

2．生产性能

该品种兔体形较大，仔兔出生重60～70g，30日龄断奶体重0.65～1.0kg，在一般饲养条件下，2～4月龄月增重达0.75～1.15kg，成年兔体重5.0～6.5kg，高者可达7.5～8.0kg。繁殖力强，每胎产仔7～8只，高者可达15～16只。

3．主要优点

体形较大，生长较快，繁殖力高，抗病力强，发病率低，耐粗饲，适应性强，性情温顺，容易管理。

4. 缺点

毛色、体形尚欠一致。

（七）虎皮黄兔

虎皮黄兔又称太行山兔，属于中型优良皮肉兼用型地方良种。

1. 外貌特征

虎皮黄兔体质紧凑结实，背腰宽平，后躯发育良好，四肢粗壮，肢势端正。该兔有黄色和稍带黑毛尖的黄色 2 种。黄色兔全身被毛基部为白色，中部为黄色，毛尖为红棕色；眼为棕褐色，眼圈为白色。带黑毛尖兔，背、后躯、两耳上缘、鼻端及尾背部毛尖为黑色；眼及触须为褐色。

2. 生产性能

虎皮黄兔分标准型和中型两种。标准型兔，成年公兔体重平均 3.87kg，母兔 3.54kg。中型兔，成年公兔体重平均 4.31kg，母兔 4.37kg。年产 5～7 胎，胎均产仔 8.2 只。

3. 主要优点

耐寒，耐粗饲，抗病力强和适应性强，遗传性能稳定，繁殖力高，母兔母性好；泌乳力强。被毛黄色，利用价值高。

（八）哈尔滨白兔

该兔种系由多品种杂交而成。

1. 外貌特征

全身被毛洁白，毛密柔软，眼睛红色，耳宽长而直立，前后躯发育匀称，前肢强健，体形较大。

2. 生产性能

该兔种属于大型肉兔新品种。仔兔出生重60～70g，70日龄平均体重2.5kg，成年兔体重可达5.5～6kg。屠宰率为53.3%。繁殖力强，每胎产仔8～10只，育成率达85%以上。

3. 主要优点

遗传性稳定，耐寒，耐粗饲，适应性强，饲料转化率高(料重比为3.35∶1)，生长发育快，产肉力强，皮毛质量好。

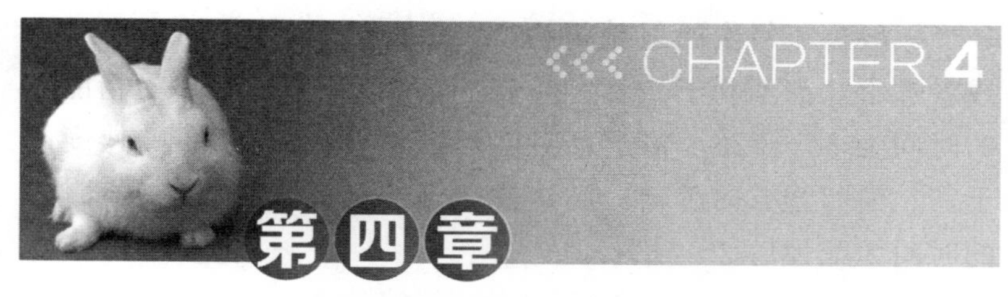

家兔的繁殖

繁殖是家兔生产中的重要环节，直接关系到经济效益的好坏。因此，应了解家兔的繁殖理论，掌握繁殖技术，以最终达到提高兔群繁殖力的目的。

一、家兔的繁殖现象

（一）生殖细胞的成熟以及受精作用

幼兔生长发育到一定月龄，生殖器官中能够产生具有受精能力的性细胞和分泌性激素，即公兔睾丸中产生具有受精能力的精子和雄性激素，母兔卵巢中能产生成熟的卵子和雌性激素。这时家兔就具备了生殖能力，开始出现性活动，即为性成熟。

1．精子

精子是由公兔睾丸中的精原细胞经过减数分裂发育而成的。因此，选择种公兔时尤其要注意睾丸的大小和睾丸的发育情况，要求睾丸大而且质地致密。

一般公兔每次的射精量为0.5～2.5ml。精子的密度过大或者过小，都不利于受胎。精子在母兔生殖道内保持受精能力的时间为30～32h，精子自阴道开始以每分钟2mm的速度向子宫、输卵管方向游动，到达输卵管的上1/3处（受精部位）的时间为配种后2～4h。

2. 卵子

卵子是由储存于卵巢中的卵母细胞经过减数分裂等一系列的分裂、分化、发育而成的。

幼年母兔的卵巢，表面比较平滑，体积很小。成年母兔的卵巢表面有透明的小圆泡突起（即成熟卵泡）。妊娠母兔的卵巢表面有暗红色小丘，即为黄体。排卵时两侧卵巢排出的卵子总数为18～20个，一般来说，母兔每次排出的卵子数是比较恒定的。若去掉一侧卵巢，则另一侧卵巢就会增加排卵数，但数目不会超过两侧卵巢的排卵数。

卵子排出后可存活8～9h，保持受精能力的时间为6h，一般以排卵后2h受精能力最高。在卵巢中未排出的成熟卵子未受精时，经过10～16h后，会逐渐萎缩、退化，最后被机体吸收。

（二）性成熟和初配年龄

家兔的性成熟年龄因品种、性别、个体、营养水平、遗传因素等而有差异。一般公兔的性成熟年龄为4～4.5月龄，母兔为3.5～4月龄。

公、母兔达到性成熟后，虽然已能生育，但不宜配种、繁殖后代。因为家兔的性成熟早于体成熟，身体其他器官仍处于发育阶段，若过早繁殖会影响自身的生长发育，而且配种后受胎率低，产仔数少，仔兔初生体重小，成活率低。反之，配种过晚也会影响公母兔的生殖机能和终生繁殖能力。

表 4-1　各类家兔最适宜的初配年龄

类型	母兔		公兔	
	月龄/个	体重/kg	月龄/个	体重/kg
毛用兔	7～8	2.5～3	8～9	3～3.5
肉用兔	5～6	3～3.5	7～8	3.5～4
兼用兔	6～7	3.5～4	7～8	4～4.5

在生产实践中得出经验，家兔体重达到该品种标准体重的70％的时候，就可以初配。一般来说，家兔初配年龄不但与经济类型有关，还与品种、体形大小有关。小型品种为4～5月龄；中型品种为5～6月龄；大型品种为7～8月龄（见表4-1）。

适龄种兔从开始交配繁殖起，其利用年限，公兔为3～4年，母兔为2～3年，但是，如果采用高强度频密繁殖的方法，母兔的利用年限仅仅为1～2年，超过繁殖年限继续使用，会使受胎率降低，胚胎死亡率高，所产后代生活力差。老年种兔的性活动能力减弱衰退，所产的仔兔品质下降。如果双亲都为老年的，其胚胎的死亡率高达30％。

（三）发情和发情表现

发情母兔一般表现为精神兴奋不安、活跃，在笼内往返运动，食欲减退（也有无症状的）。常用前肢“扒笼”或后肢“顿足”，频频排尿，有时还有衔草作窝等现象。发情后的母兔还会主动向公兔靠近、爬跨、向公兔身上撒尿。当公兔追逐、爬跨时，作出愿意交配的姿势。在生产中常常根据母兔发情时外阴部变化、黏液颜色等来判断发情状态，选择配种时间。如阴道湿润、充血、红肿。初期为粉红色；中期的外阴为老红色（大红色），湿润，分泌的黏液较多，此时配种，受胎率最高；后期为紫红色（黑紫色）；不发情期表现为苍白色，此时配种很难受胎。就是俗话所说的“粉红早、黑紫迟（紫红迟）、老红（大红）正当时”，说明发情的中期为配种的最佳时期（图4-1、图4-2，彩图）。

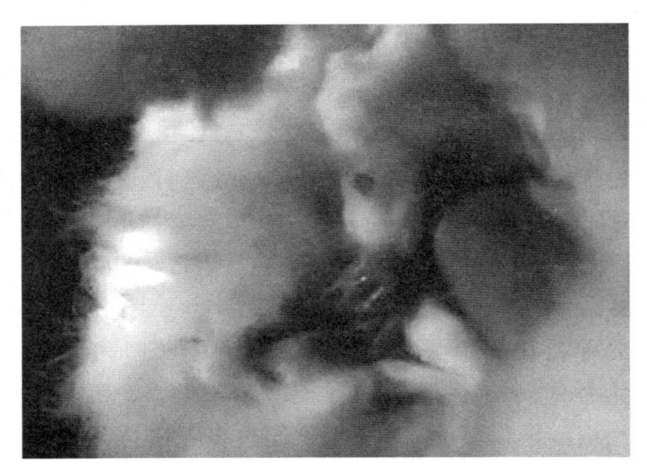

图 4-1　发情母兔阴部症状（早期）

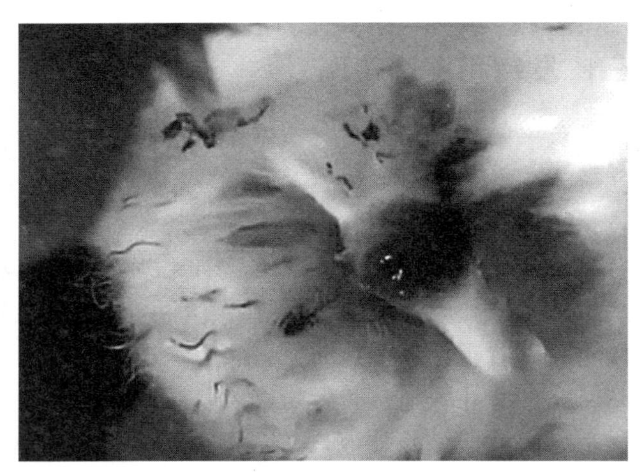

图 4-2　发情母兔阴部症状（中期）

需要特别注意的是，母兔与其他家畜不同，母兔是一种刺激性排卵的动物。在正常情况下，母兔的卵巢内经常有一批卵泡处于发育之中，在前一批卵泡尚未完全退化时，后一批卵泡又处于发育之中，在前后两批卵泡的交替中，雌激素浓度就会发生由高到低，又由低到高的变化。因此，母兔的发情表现也会发生明显或不明显的变化。但是这种变化并无严格的规律性，间隔的时间也并不稳定。

在一般情况下，母兔的发情周期为8～15天，发情持续期为3～5天，变动范围较大。母兔排卵发生于公兔交配刺激后的10～12h，如果未经交配等刺激，则不会排卵。所以在生产实际中往往存在着母兔发情不一定排卵，而排卵也不一定发情的现象，即使没有发情表现的母兔只要实行强迫交配，结果也能使母兔妊娠产仔，生产中可以利用这一特点来安排生产。

（四）妊娠、妊娠期及妊娠检查

公、母兔交配后，精子和卵子在输卵管的上1/3处的膨大部结合而受精。家兔的受精时间一般在排卵后的1～2h。受精后72～75h胚胎开始向子宫运行，受精后7天在子宫着床，形成胎盘。此后胚胎的生长发育就完全依赖胎盘吸收母体供给的养料和氧气，代谢产物亦经胎盘传递到母体而排出体外。

家兔的妊娠期为30～31天，变动范围为29～34天。不到29天为早产，超过35天为异常妊娠，在这些情况下多数不能产下正常仔兔，一般很难成活。母兔妊娠期的长短与品种、年龄、营养水平、胎儿数量和发育情况有关。大型兔的妊娠期比小型兔长；老年兔比青年兔长；胎儿数量少的比多的长；营养健康状况好的比差的长。

为了掌握生产情况，要及时检查母兔是否妊娠。家兔的妊娠检查方法是在母兔配种之后，一般8～12天可以进行摸胎检查，以便对母兔进行分类管理，并对未妊娠的母兔补配。检查的方法是“摸胎法”。

“摸胎法”是利用手指在母兔腹壁触摸胚胎检查妊娠。最好在空腹时进行。将母兔放在一个平台上，左手抓住耳朵及颈部皮肤，使之安静，兔头部朝向操作者。右手的拇指与其他四指分开呈“八”字形，手心向上，伸到母兔后腹部轻轻触摸，未妊娠的母兔后腹部柔软，妊娠母兔可以触摸到肉球样（扁圆形）可滑动的花生米大小的胎泡，可能是10天以上的胎儿，一般均匀排列在腹部的两侧，摸起来光滑有弹性。注意不要与粪便混淆，粪便触摸起来粗糙发硬，并且时有时无，二者很容易区分。摸胎时动作一定要轻柔，如果家兔挣扎，应立即停止操作，待平静下来后再摸，以免造成流产（图4-3、图4-4，彩图）。一旦确定妊娠，便按照妊娠母兔管理，不宜再轻易捕捉或摸胎。

图4-3　母兔妊娠检查方法一

要注意的是，摸胎法检查时要细心，避免检查失误或造成流产，确诊后要注意保胎，保证母仔平安。

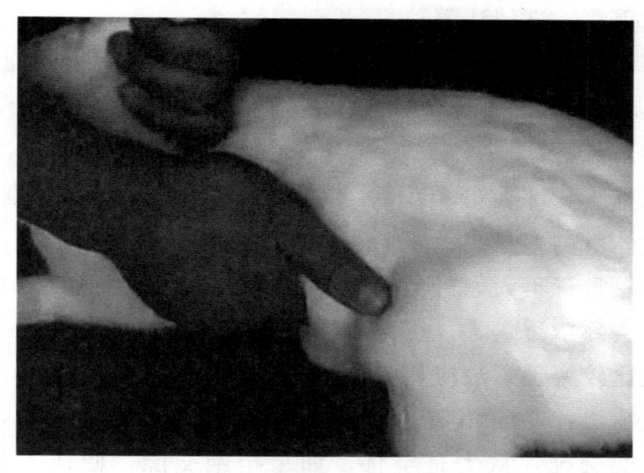

图 4-4 母兔妊娠检查方法二

① 妊娠的时间不同，胚泡的大小、形态和位置也不一样。妊娠 10～12 天，似花生米大小，弹性较弱，在腹后中上部位置较为集中。14～15 天，仍是圆形，似小枣大小，位于腹中部。18～20 天，呈椭圆形，似核桃大小，位于腹中部。22～23 天，呈长条形，可摸到头骨，位于腹中下部。28～30 天，胎儿的头体分明，长 6～7cm，充满整个腹腔。

② 一般初产胎泡稍小，位置靠后上。经产兔胎泡稍大，位置靠下。

③ 还要注意与肾脏以及子宫瘤等相区别。

④ 切忌用力硬捏。一旦确认妊娠，要特殊管理，不要轻易捕捉或摸胎。

⑤ 母兔临产前 2～3 天有不吃不喝现象，尤其是初产兔或者体质瘦弱的经产兔，可以提前 3 天喂煮好的泡黄豆，每天 15～20 粒，还要每天饮淡糖水，防止无乳现象发生。减少捕捉，尽量避免打针用药，禁止猫、狗等动物和噪声的惊扰。

对于家兔的妊娠检查，除了摸胎检查方法以外，还有外观法、称重法、试情法等。

外观法：母兔妊娠后，可以见到食欲增加，采食量增加，配种 15 天后，妊娠母兔体重明显增加，毛色发亮，腹围增大，下腹突出。

称重法：即在母兔配种之前和配种 12 天之后分别称重，看两次体重的差异。由于胎儿在前期增重比较慢，胎儿及子宫增加的总重量不大，母兔采食多少所增减的重量远比母兔妊娠前期的实际增重量大，因此称重法很难确定是否妊娠。而且称重法也比较繁琐，故应用价值不大。

试情法：在配种 5～7 天后，把母兔放入公兔笼中，如果母兔接受交配，认为是空怀，如果拒绝交配，便认为是已经妊娠。

（五）保证母兔四季都能繁殖的措施

夏季天气炎热，冬季天气寒冷，家兔的繁殖能力降低，为了保证四季都能繁殖，可采取下列处理方法。

① 调节日粮结构，降低能量饲料含量，提高蛋白质水平。

② 夏季要通风降温，冬季要进行保温。

③ 减少饲养密度。

④ 夏季在兔舍屋顶喷水，冬季兔舍取暖，挂棉门帘。

⑤ 夏季配种时间安排在早晨和晚上，冬季安排在中午。

（六）繁殖期的饲喂管理

妊娠母兔要 1 兔 1 笼，防止挤压，避免流产。发现母兔扯毛做窝时，要准备好产仔箱。温度过低时，产仔箱周围要加防寒设施，产仔箱内的温度要在 20℃ 以上。此时的母兔应立即饲喂新鲜富含蛋白质、维生素和矿物质的饲料。仔兔一般在 40 日龄时，要及时断奶进行补饲。

（七）分娩和护理

母兔的分娩征兆是比较明显的，大多数母兔在临产前3～5天乳房开始肿胀，并且可挤出少量乳汁，外阴部红肿，食欲减退。临产前1～2天，开始衔草拉毛筑窝。临产前10～12h，衔草拉毛的次数增多，到产前2～4h，频繁出入产仔箱。根据经验，拉毛的早晚以及数量的多少与母兔的泌乳有着直接关系，拉毛早则泌乳早，拉毛多则泌乳多。因此，对于不会拉毛的初产母兔，临产前最好进行人工辅助拉毛，用手拉下胸腹部乳房周围的一部分长毛，铺垫在产仔箱中。这时要把提前准备好的干净产箱和垫草，提前3天放在母兔笼内，诱导母兔衔草絮窝，拉毛催奶，还要让母兔熟悉环境，减少箱外产仔现象。

母兔产仔一般在凌晨5：00至下午1：00，产仔行为大多呈蹲坐状、弓背努责、四肢刨地、精神不安。第一只仔兔多为头部先出来，以后的仔兔有头部先出来的，也有后肢先出的。凡是头部先出者，分娩较快；后肢先出者要经过多次努责及阵缩后才娩出。母兔一边产仔，一边将脐带咬断，胎儿产出后，母兔立即用嘴舔去仔兔身上的黏液和胎膜，并将胎衣和胎盘吃掉，还会将仔兔移到腹下让其吃奶。分娩即告结束。

母兔分娩时，要在一旁守候，随时注意发生的各种情况，环境要安静。母兔生产完之后就会跑出产箱，开始喝水，这时把产箱取出，但要轻手轻脚，然后检查仔兔吃奶状况。

母兔分娩产仔的时间很短，每隔2～3min产仔1只，一般产完1窝仔兔只需20～30min。但是也有个别母兔产完第一批仔兔后，再隔数小时，才产第二批仔兔。分娩结束后，母兔会跳出产仔箱，寻找饮水，如果找不到饮水，有极少数母兔就会跑回产仔箱吃掉仔兔。所以，护理分娩母兔，最重要的就是备足饮水，以免母兔因产后失水较多，口渴而吃掉仔兔。

二、家兔的配种方法

（一）自然交配

在我国民间多用“组”作为养殖家兔数量的基本单位，一般“一组兔”就是1公对5母，即1只公兔搭配5只母兔作为一个繁殖单位。农村养殖兔数量较少的养殖户，多采用自然交配方式。自然交配就是把公、母兔混养在一起，任其自由交配（图4-5）。

图4-5　家兔本交（自然交配）

这是一种原始的配种方法，虽然配种及时，方法简单，节省劳动力，但是有很多缺点。

① 容易发生早配、早孕，影响幼兔生长。

② 无法进行选配，容易发生近亲交配而引起品种退化。

③ 公兔多次追配母兔，体力消耗大，容易引起早衰，缩

短利用年限。

④ 公、母兔混群饲养，容易引起同性殴斗和传播疾病。

所以，在生产实际中自然交配方法已经很少应用。

（二）人工辅助交配

人工辅助交配就是在公、母兔分群或分笼饲养的条件下，配种时，将母兔放入公兔笼中，在人员看护的情况下完成配种过程。

与自然交配相比，这种方法能有计划地进行选配，避免了近亲繁殖；能有效防止疾病传播，提高家兔的健康水平；能合理安排公兔的配种次数，延长种兔的使用年限。因此，目前养兔业中，尤其是家庭养兔者普遍采用这种配种方法（图 4-6）。

图 4-6　公、母兔交配

1. 人工辅助交配的要求

（1）严格检查公、母兔的健康状况　配种前应对公、母兔的健康状况进行检查。凡发现体质瘦弱，性欲不强，患有疾病的家兔，特别是患生殖器官疾病、疥癣以及其他传染病时，一律不能参加配种；患有恶癖或生产性能过低的公、母兔要严格淘汰；长途运输之后，病愈不久，注射疫苗的等，也不能马上配种。

（2）清洗和消毒兔笼 尤其是公兔笼内的粪便、污物必须清理干净（因为交配是在公兔笼内进行的）。配种前数天应剪除公、母兔生殖器周围的长毛，毛用兔最好在配种前剪毛1次，既方便配种，又可以提高受胎率。

（3）配种场所（公兔笼）**的要求** 场所要宽敞，提前将食槽、水槽取出。脚踏板如果间隙过大，务必垫一块木板，以防种兔腿卡在里面而造成骨折。配种时要保持环境安静，禁止陌生人围观和大声喧哗。配种时，兔舍的最适温度应在10～25℃范围内，这个温度是最适合的，受胎率也高。

（4）在种公兔笼内配种 笼养的公、母兔，配种必须把母兔拿入公兔笼内进行交配，决不能把公兔放入母兔笼内，以防环境改变，公兔对新环境不适应，导致精力分散而影响配种效果。另外，如果母兔身体带有其他公兔身上的气味，会引起这只公兔的误会而发生咬斗现象，延误交配时间。

当公、母兔辨别性别后，即可发现公兔发出特异的呼声，公兔会追逐母兔，并且会爬上母兔的后躯，用前肢揉弄母兔的腹部。如果母兔接受交配，就会抬高臀部支起后肢，后肢站立举尾迎合，当公兔阴茎插入母兔阴道后就会立即射精，还会发出“咕咕”叫声，然后蜷缩后肢倒向一侧，爬起后再三顿足，则表明顺利射精，表示交配已经顺利完成。配种时要保持环境安静，否则容易导致拒配。还要注意的是配种之前尽量不要投药和注射疫苗。

（5）注意公、母兔间的选择性 配种时要注意公、母兔之间的选择性，如果发情母兔放入公兔笼后，长时间奔跑，逃避公兔，或母兔趴伏在公兔笼内，尾部紧压外阴部，不接受交配，公兔多次尝试仍拒绝交配，可采用手托法人工辅助强制交配。即配种人员用左手抓住母兔两耳以及肩颈部皮肤，用右手深入母兔腹下，置于两后腿之间，将后躯托起，配合公兔交配，或用右手的食指和中指固定母兔尾巴，抬起母兔的臀部，即可迎合公兔交配。也可采取用细绳把母兔的尾巴吊起来的牵线法进行人工辅助配种，即选取一段细绳，一端拴在母兔的尾巴尖部，将细绳沿着背上方绕过，由固定兔耳及颈部皮肤的左手控制，将母兔尾巴轻轻上拉，露出外阴。右手伸到母兔的腹下，轻轻托起其后躯，迎合公兔交配（图 4-7）。

图 4-7　家兔人工辅助交配示意图

如果母兔拒不交配或公兔对母兔不感兴趣，可更换另一只公兔。但需等到母兔离开该公兔笼 5～10min 后，待母兔身上留下的第 1 只公兔的气味散尽之后，再把母兔放入第 2 只公兔笼内。对于发情母兔趴卧不起，拒绝交配时，再进行强制配种。

（6）配种后对母兔的检查　配种结束后，应立即将母兔从公兔笼内取出，检查外阴部，有无假配。如果无假配现象即将母兔的臀部提举，并在后躯部臀部轻轻拍打一下，目的是使之肌肉紧张，以防止精液倒流，然后将母兔送回原来的笼内，并及时做好配种登记工作。配种之后如果发现母兔排尿，应予补配 1 次。另外在 4～6h 再复配 1 次，用来保证成功率。

（7）配种频率 公兔的配种强度要适宜，在一般情况下，1 只体质健壮、性欲旺盛的公兔，每天可配种 1～2 次，连续配种 2～3 天后要休息 1 天。若遇到母兔集中发情，则可以适当增加配种次数，但切忌滥交，以免影响公兔的健康和精液品质。如果是超过 15～20 天没有参加配种的种公兔，第 1 次配种可能配不上，要重复配 1 次。青年公兔和老龄公兔要减少配种次数。平时要定期对公兔进行精液品质检查，发现问题，及时解决。及时淘汰精液品质不良的公兔及老龄兔。

（8）做好配种记录和编制配种计划 应及时填写配种记录，以便安排妊娠诊断时间。无论何种家兔品种，均要根据选种、选配原则，编制配种计划。防止近交，并做好品种记录。

（9）配种时间 配种时间夏季在清晨或傍晚，冬季利用中午比较暖和时进行，春、秋两季最好选在上午 8：00～11：00 时配种，以在日出前或日落后较好。根据实际经验，家兔的性活动多在傍晚和清晨。因此，清晨和傍晚配种，母兔的受胎率较高。配种时间要与饲喂时间错开一段时间。应在喂饱半小时后进行或配种半小时后再饲喂。种公兔在配种前的 15～20 天，就要加喂蛋白质含量较高的精料，注意补充矿物质和维生素等，并适当加强运动。

（10）公、母兔的饲养比例 根据实际经验，采用人工辅助交配，种兔的公、母比例以 1：8～10 为宜，即 1 只健康公兔，在一般情况下可以负担 8～10 只母兔的配种任务。

（11）检查分析配种受胎情况 定期检查和分析公、母兔的配种受胎情况。有条件的地方还应该定期检查公兔的精液品质，及时发现配种受胎能力差的公、母兔，随时淘汰。

（12）适龄配种 不同品种的兔的性成熟时期和适配期是不同的（表4-2），过早或过迟配种对兔的生长和繁殖都有不好的影响。兔配种的年龄以掌握在本品种成年兔体重的70%～75%时为宜。

表4-2 不同类型兔的性成熟以及配种年龄

大型品种	4～5月龄
中型品种	3.5～4.5月龄
小型品种	3～4月龄
配种适宜期	较性成熟期推迟1.5～2个月
公、母兔的区别	公兔较母兔要晚配1个月

2. 提高配种受胎率的措施

正常繁殖的母兔在1个月内一般可发情2～3次，每次持续3～5天。发情时，表现为兴奋不安、食欲下降、跺脚、拔毛、衔草等行为。翻开阴门，可见阴部黏膜潮红，初期为粉红色，中期为大红色，后期为紫红色（黑紫色）。配种的最佳时期为中期，即发情后的2～3天，这时的受胎率最高。

（1）合理搭配饲料 种兔饲料要保持全价性，根据饲养标准合理配料，尤其是注重蛋白质的质量及维生素和微量元素的添加。

（2）科学喂养 控制种兔膘情和体重，保持良好的种用体况是提高受胎率的重要保障。要根据种兔的体质状况确定饲喂数量和饲料的品质，使之不能过于肥胖，又不能过于瘦弱。

（3）保证青饲料的供应 家庭兔场或小规模养兔，应以青饲料为主，精料为辅。这不仅充分利用了当地的饲草资源，节约饲料费用，而且青饲料含有丰富的营养，是维生素的重要来源，同时也可控制种兔膘情，对于促进种兔正常的活动起到重要作用。这就是谚语上所说的“四季不断青，胎胎不落空”。

（4）掌握配种“火候” 即适时配种，在母兔的发情中期配种。

（5）保持良好的环卫条件 兔舍要通风、透光、干燥、卫生。兔笼要大小适宜，应该有一定的活动空间。每天的光照时间，应在14～16h。

（6）合理用药 对于药物的使用要严格控制，尽量少用药或不用药。迫不得已，应控制用药的剂量和用药的时间，不可长期用药或超量用药。

（7）选优淘劣 对于患病种兔，种用价值不大的老、弱、病、残兔要及时淘汰，选择优秀青年兔作种。

（8）复配和双重配 复配就是1只母兔在1个发情期内与同1只公兔交配2次或多次，一般间隔4h左右。双重配是1只母兔在1个发情期内同2只公兔交配，一般间隔10～15min。复配和双重配均可提高受胎率和产仔数，但后者仅限于商品生产。

（9）适当血配 对于产仔数少、体况较好的母兔，可以实行适当血配。一般是在产后12～24h交配效果最佳。但对于大型兔品种，或产仔数较多和膘情较差的母兔，血配受胎率不高，效果也不好。配种也可以安排在产后8～12天进行，仍有一定的受胎率。

（10）加强公兔的保护和利用 公兔精液品质是决定母兔是否受胎的关键。公兔睾丸对于高温极其敏感，在高温季节应加强对公兔的保护，防止高温刺激。公、母比例要合适，一般1∶(8～10)。公兔使用要合理，既不过度，又不长期闲置。

（三）人工授精

人工授精是目前养兔业中最经济、最科学的配种方法。此方法是不用公、母兔直接交配，而是采用假阴道将公兔的精液采出，经过精液品质鉴定和适当的稀释处理，借助输精器械将精液输入发情母兔生殖道内的一种配种方法。采用人工授精，能充分利用优良公兔，迅速推广良种；可减少公兔的饲养量，降低饲养费用；能提高母兔的受胎率和产仔数；能减少疾病的传播；提高经济效益。有条件的养殖场、养殖户应尽量采用。这一配种方法的操作过程有以下几个步骤。

1．采精

采精是家兔人工授精的关键环节，是一项比较复杂的技术。具体方法如下。

（1）准备假阴道　兔用采精假阴道，一般用硬质橡皮管、注射器外桶、塑料管或竹管代替，管长8～10cm，直径3～4cm。内胎可用手术用的乳胶指套或避孕套代替。假阴道主要由外壳、内胎和集精管三部分组成。集精器可用小玻璃瓶代替。假阴道在使用前要仔细检查，用75%酒精彻底消毒，然后用灭菌生理盐水冲洗数次。采精前从活塞气嘴处灌入50～60℃的温水，水量以占内部空间的2/3为宜。最后吹气调节压力，使假阴道内层靠拢呈三角形或四角形，并在假阴道入口端涂上润滑油（医用凡士林或中性石蜡油），采精所需的最佳假阴道内温度为30～40℃。

（2）采精方法　一般采用假台兔采精法，模仿母兔后躯外形与生殖道位置，制作假台兔。公兔经过用发情母兔进行训练之后，无论在公兔笼还是在采精台上，见到“台兔”就能爬跨交配，所以一般在日常采精操作时，都是先把“台兔”放入公兔笼内，让公兔与台兔调情片刻，以引起性欲。一般在台兔的外面覆盖兔皮，将准备好的假阴道装于台兔腹内。采精时，将台兔放入公兔笼内让其爬跨交配。此法简便，相当于自然交配的姿势。另外也可预先准备一张兔皮，采精时，采精人员一手握住假阴道，用另一手将兔皮盖在握假阴道的手背上，当假阴道伸向公兔笼内，经训练后的公兔，就会爬上蒙有兔皮的手背，此时将假阴道开口处对准公兔阴茎伸出方向，右手握住安装好的假阴道，小指和无名指护住集精杯，伸向台兔两后腿之间，使假阴道口紧贴在阴门下部，并稍微用力托起台兔臀部，随时调整方向和位置。当公兔开始爬跨、阴茎挺起时，只要方向和位置适宜，便能顺利进入假阴道内，公兔臀部快速抽动，当公兔突然向前一挺，并伴随尖叫声时，即蜷缩落地，倒在台兔一侧。此时表示射精完毕。然后将假阴道抽出，竖立，放气减压，使精液流入集精管，取下集精杯，送检验室检查。这种采精方法非常简便，熟练者只要温度、压力、润滑度调节合适，几秒钟即可采到精液。

2. 精液品质检查

精液品质检查要在采精后立即进行，将集精杯放入 30℃ 恒温箱内，室温以 18～25℃ 为宜。检查方法分肉眼检查和显微镜检查。

(1) 肉眼检查

① 测定精液量。公兔每次射精量，一般为 0.5～2.5ml。

② 检查色泽和气味。正常精液的颜色为乳白色，不透明，有的略带黄色，其颜色深浅与混浊度原则上与精子浓度成正比。精液无臭味，如果有其他颜色和气味，如混有尿液时则会有腥味，表示精液异常，不能作输精用。

③ 测定精液的酸碱性。用精密试纸测定精液酸碱性，正

常的精液接近中性。

（2）**显微镜检查** 一般在200～400倍显微镜下，观察精子的活力、密度和畸形率。

① 精子活力检查。通常采用“十级制”，在显微镜视野中呈直线运动的精子的数量达到100%，则评为“1.0”级；90%为“0.9”级；80%为“0.8”级；以此类推，全部死亡为“0”级。在生产实践中，一般要求精子活力在“0.6”级以上，方可作输精用。

② 精子密度测定。精子密度一般根据显微镜下精子间的距离大小来测定。如果精子之间距离很小，则每毫升精液含精子数量在10亿以上；精子之间的距离相当于1个精子的长度，则每毫升含精子5亿～10亿个；间距为1～2个精子的长度，则含精子1亿～5亿个；间距超过2个精子的长度，则为1亿以下。计数法测定精子密度，一般可用白细胞吸管吸取精液至0.5刻度处，吸取精子计数稀释液（碳酸氢钠5g，福尔马林1ml，蒸馏水加至100ml，混匀过滤备用）至刻度11，然后计算精子的具体数目。

③ 精子形态检查。正常精子具有一个圆形或卵圆形的头部和一条细长的尾部。畸形精子主要有双头双尾、大头小尾、有头无尾、有尾无头或尾部卷曲等。在正常精液中，畸形精子数不应该超过20%，如果超过30%，则会影响受精能力。

3．精液稀释

家兔一次能射精0.5～2.5ml，精液中精子浓度很大，每1ml精液中有2亿～10亿个精子。精液稀释的主要目的是扩大精液量，增强精子的生命力，增加输精母兔的数量，便于精液保存、运输和延长精子的存活时间，能更好地发挥优良种公兔的作用。采精后要立即稀释精液。稀释倍数一般为 1∶(5～10)。常用的稀释液主要如下。

① 生理盐水溶液。精制氯化钠 0.9g，用蒸馏水加至 100ml。

② 5%葡萄糖溶液。精制无水葡萄糖 5g，蒸馏水加至 100ml。

稀释后的精液可保存在冰箱或内部放冰块的广口瓶中，保存在温度为 0～10℃的阴暗干燥处。如果精液暂时不用，应表面封盖一层液体石蜡与空气隔绝，然后管口用塞子塞紧封蜡保存。

4．输精

家兔属于刺激性排卵的动物，一般在交配或性刺激 10～12h 后开始排卵。人工输精的缺点是缺乏自然交配的性刺激，因此在给母兔输精前应刺激排卵，才能使母兔达到受精的目的。刺激排卵的方法如下。

（1）激素促排 可以肌内注射"促排 3 号"，用量为2～5μg；也可静脉注射黄体生成素 10U，或人绒毛膜促性腺激素（HCG），每只兔静脉注射 50IU，或促黄体素（LH）50IU。一般在注射后 6h 内输精。

（2）采用结扎输精管后的公兔进行交配刺激 即利用结扎输精管而失去受精能力的公兔与准备受精的母兔交配，然后再予输精。也可以在公兔腹下系一个围裙，使公兔爬跨母兔，但不至于造成本交，达到刺激排卵的目的，输精的主要器具有以下几种（图 4-8）。

通常在排卵处理后 2～5h，用特制的兔用输精器或用 1ml 容量的小吸管安上橡皮胶头代替输精管。输精前先将母兔外阴部用生理盐水擦洗干净，输精器经过煮沸消毒。输精时输精人

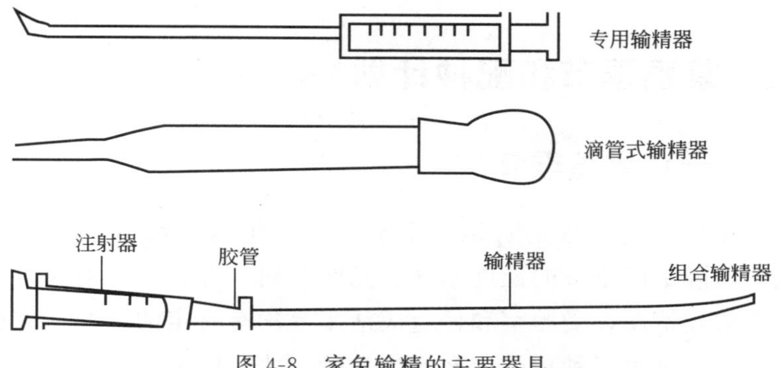

图 4-8　家兔输精的主要器具

员可以坐在凳子上，把母兔的臀部和后肢朝上，家兔被夹于输精人员的大腿之间，手持吸取稀释精液 0.2～0.5ml 的输精器，插入母兔的阴道内 5～6cm 的深度，即可缓慢注入精液，但不宜插入过深，否则容易造成母兔一侧子宫怀孕。输精完毕，最好要轻轻拍一下母兔的臀部或将母兔后躯抬高片刻，以防精液倒流（图 4-9，彩图）。

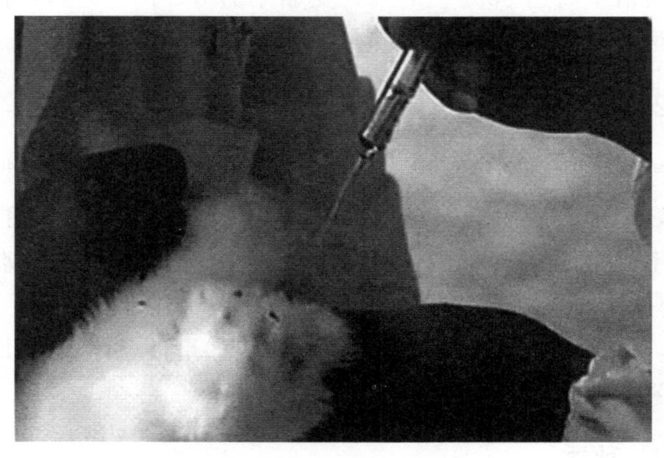

图 4-9　家兔人工授精

三、繁殖季节和配种计划

（一）繁殖季节

家兔繁殖虽然无明显的季节性，一年四季都可以配种繁殖。但因不同季节的温度不同、光照不同、营养状况不同，对母兔的发情率、受胎率和仔兔成活率等均有一定的影响。家兔配种应在度过了种兔的应激反应之后，才可以配种繁殖。配种的时间，冬天应该选在中午。春、夏、秋可以在早晨或晚上，这三个季节切忌在炎热的中午进行配种。

1．春季

气候温和，饲料丰富，母兔发情旺盛，配种受胎率高，产仔数多，是家兔配种繁殖的最好季节。据实际观察，3～5月母兔发情率高达80%～85%，受胎率为85%～90%，每窝产仔数达7～8只。所以一般兔场应力争春季能配上2胎。

2．夏季

气候炎热，高温多湿，家兔食欲减退，体质瘦弱，性机能不强，配种受胎率低，产仔数少。据实际观察，6～8月母兔发情率仅为20%～40%，受胎率仅为30%～40%，每窝产仔数也只有3～5只。即使产仔，由于天热哺乳母兔减食，泌乳量少，仔兔瘦弱多病，成活率很低。但如果母兔体质健壮，又有遮阴防暑条件，仍可适当安排夏季繁殖。

3．秋季

气候干燥，饲料丰富，所以母兔发情旺盛，受胎率高，产仔数多，是家兔繁殖的又一好时期。据观察，9～11月母兔的发情率为75%～80%，配种受胎率为60%～65%，每窝产仔数达6～7只。但因秋季为家兔的换毛季节，营养消耗大，对配种繁殖的影响也较大，所以必须合理安排，一般以繁殖1～2胎为宜。

4. 冬季

气温较低，青绿饲料缺乏，营养水平下降，家兔体质瘦弱，配种受胎率较低，所产仔兔，如无保温设备，容易冻死，成活率低。据观察，12月至翌年2月母兔的发情率为60%～70%，配种受胎率为50%～60%，每窝产仔数为6～7只。但是，冬季如有较多青绿饲料供应，又有良好的保温设备，仍可获得较好的繁殖效果。在良好的饲养管理条件下，母兔冬配的受胎率也可以达到95%～99%，每窝产仔6～8只。因此，为了促进养兔业的迅速发展，应该大力推广冬季繁殖。

（二）配种计划

一个兔场每年繁殖几胎比较适宜，这要根据当地的饲料条件和管理水平而定，还要考虑季节、哺乳期和成活率等因素。条件好的可多繁殖，条件差的宜少繁殖。一般毛用兔以每年产3～4胎为宜，兼用兔和肉用兔以每年产4～6胎为宜，通常要避开高温酷暑时期，其他时间均可繁殖。不同类型兔的繁殖计划见表4-3、表4-4。

表4-3　毛用兔年产4胎的繁殖计划

胎次	交配日期	分娩日期	离乳日期
1	2月20日 （妊娠30天）	3月22日 （哺乳42天）	5月2日 （休息7天）
2	5月9日 （妊娠30天）	6月8日 （哺乳42天）	7月20日 （休息55天）

续表

胎次	交配日期	分娩日期	离乳日期
3	9月15日 (妊娠30天)	10月15日 (哺乳42天)	11月25日 (休息7天)
4	12月3日 (妊娠30天)	1月2日 (哺乳42天)	2月13日 (休息7天)

表 4-4 兼用、肉用兔年产 5 胎的繁殖计划

胎次	交配日期	分娩日期	离乳日期
1	1月1日 (妊娠30天)	1月31日 (哺乳28天)	3月1日 (休息5天)
2	3月6日 (妊娠30天)	4月5日 (哺乳30天)	5月5日 (休息10天)
3	5月15日 (妊娠30天)	6月14日 (哺乳30天)	7月14日 (休息35天)
4	8月20日 (妊娠30天)	9月19日 (哺乳30天)	10月19日 (休息10天)
5	10月25日 (妊娠30天)	11月24日 (哺乳30天)	12月24日 (休息6天)

四、提高繁殖率的技术措施

要搞好家兔的繁殖、提高受胎率、规范养兔场，应该按照计划进行种质资源更新，以保持良好的生产性能。我们知道，家兔的繁殖既受先天遗传性能的影响，也受后天环境等因素的影响，因此，在生产实践中，可以采取综合措施，以便充分发挥其繁殖潜力，提高繁殖效率，要加强选种，必须选择健康无病、性欲旺盛、不过肥也不过瘦的母兔留作种用。凡卵巢囊肿、子宫发育不全或患有其他生殖道疾病的必须及时淘汰。留种仔兔最好从优良母兔的第 3～5 胎中选留，乳头应在 4 对以上。如果母兔产仔少、受胎率低、母性差、泌乳性能不好则不能用于配种繁殖。这种平中选优的方法很有效。

改善饲养条件，增加光照。家兔对光照虽不苛求，但光照不足会明显影响繁殖性能。据试验，在20～24℃和全暗的环境条件下，每平方米补充1W光照2h，母兔虽有一定的繁殖能力，但受胎率很低，1次配种的受胎率只有30%左右。如果光照增加至每平方米15W，光照时间延长至12h，则1次配种受胎率可达50%左右。在相同光照条件下，如果连续照射16h，母兔的受胎率可达65%～70%，仔兔的成活率也可明显提高。

（一）重复配种

一般情况下，只要母兔发情正常，公兔精液质量良好，交配1次就可受孕。但是，为了确保妊娠和防止假孕，可以采取重复配种。即在第1次交配后5～6h，再用同一只公兔交配1次。第1次交配的目的是刺激母兔排卵，第2次交配的目的是正式受孕。

母兔空怀的原因往往是配种后精子在到达输卵管受精部位之前就已经死亡或活力降低而失去受精能力。尤其是很长时间未参加配种的公兔，精液中的衰老和死亡的精子数量较多，只配1次可能会造成不孕和假孕。所以，最好采用重复交配，以提高母兔受胎率和产仔数。

（二）双重配种

1只母兔连续与2只不同血缘关系的公兔交配，中间相隔时间不超过20～30min。根据实际经验，卵子在受精过程中具有一定的选择性，采用双重配种之后，由于不同精子的相互竞争，可增加卵子的选择性，提高母兔的受胎率。同时因为受精卵获得了他种精子作为养料，因此仔兔生活力强，成活率高。但是，双重交配只适用于商品兔生产，不宜用作种兔生产，以防止混淆血统。

采用双重配种时，应该在第1只公兔交配后及时将母兔送回原笼，等待第1只公兔气味消失之后再让母兔与第2只公兔配种。否则，因为母兔身上有其他公兔的气味可能会引起争斗，不但不能顺利配种，还可能咬伤母兔。

（三）频密繁殖（血配）

频密繁殖就是老百姓所称的“血配”“配血窝”。一般养兔场多数在40～45日龄给仔兔断奶，然后进行再次配种，所以1年只能繁殖3～4胎，繁殖速度很慢。近年来，许多养兔场都采用了“频密繁殖”法，即母兔在哺乳期内配种受孕，泌乳与妊娠同时进行，所以每年可以繁殖8～10胎，1年可以获得活仔兔50只以上。

应当指出的是，母兔血配之后，由于哺乳和妊娠同时进行，因而对营养物质的需求量很大，在饲料的数量和质量上一定要满足母兔本身的需要，还要满足泌乳和胎儿生长的需要。这就要求饲料水平要高，养殖技术要精细。另外，对母兔必须进行定期称重，发现体重明显减轻时，就要停止进行下一次血配。由于采用频密繁殖之后，种兔的利用年限缩短，一般不超过2年，自然淘汰率较高，所以一定要及时更新繁殖母兔群，对留种的幼兔必须加强饲养管理。

（四）人工催情

对于长期不发情的母兔或处于休情期的母兔，应首先分析休情的原因，有针对性地采取相应措施进行催情。

1. 激素催情

有些母兔因为长期不发情、拒绝交配而影响繁殖，尤其是秋季和冬季。为了使母兔发情配种，除了改善饲养管理外，还可以采用人工催情的方法。促使母兔发情排卵的激素，主要是脑垂体前叶分泌的促卵泡生成素（FSH）、促黄体生成素（LH）及胎盘分泌的绒毛膜促性腺激素（HCG）、孕马血清促性腺激素（PMSG）等。

2. 性诱催情

对于长期不发情或拒绝交配的母兔，可以采用性诱催情法，将母兔放入公兔笼内，通过追逐、爬跨等刺激后，仍将母兔送回原笼，经过2～3次后就能诱导母兔分泌性激素，促使发情、排卵。一般采用早上催情，傍晚配种。

（五）增加光照

光照不足会影响繁殖性能，光照较少的时候，影响受胎率和生育能力。光照可控制在连续光照12～16h。而增加光照强度和光照时间能提高母兔的受胎率和仔兔的成活率。

（六）加强冬春两季的饲养管理

冬季重点抓营养、光照、运动、通风，备足饲料，光照不低于14h，温度维持在5～8℃，公兔每周运动2～3次，每次1～2h,常年运动，到户外呼吸新鲜空气。冬季产仔箱内的草一定要充实，防止仔兔受凉。夏季重点抓好防暑，温度不能超过30℃，可以用凉水浸透两块红砖，用塑料布包上，放在兔笼内，家兔自然趴上，可防暑。再配合地面洒水，加盖遮阴棚，加强通风。

家兔的遗传育种

家兔的遗传育种，就是为了固定优良性状，排除不良性状，培育出生产性能高、繁殖能力、适应性好、抗病力强、性能稳定、杂交效果好的品种和品系。

一、遗传和变异的基本概念

“龙生龙、凤生凤、老鼠的孩子会打洞”说的就是遗传现象。“一母生九子、九子各不同”“一母生九子、连母十个样”说的就是变异现象。遗传就是子代与亲代相似的表现。变异是子代和亲代之间的不相似之处。变异又分为可遗传的变异和不可遗传的变异，如果只是由于环境条件的改变而造成的变异就是不可遗传的变异，只能表现在当代，不能遗传。如果是遗传物质的改变，则是可遗传的变异。

二、选种和选配

（一）选种

选种就是选择优良的公、母兔留作种用，淘汰不合乎留种要求的个体，从而提高后代的平均生产水平。选种的目的就是把高产优质、适应性强、饲料报酬高、遗传性能稳定、外貌符合育种要求的公、母兔选择作为繁殖后代的种兔，同时把品质不好或较差的个体淘汰。

1. 选种的依据

（1）体质外貌鉴定 家兔的体质和外貌与生产力有一定的关系，是家兔生长发育、健康状况的标志。

① 体质。体质可以分为4种类型，即结实型、细致型、粗糙型和疏松性。

毛用兔主要产品是兔毛，所以过于粗糙或疏松的体质都不适宜。结实型或细致型体质的最好。

肉用兔主要是提供兔肉，因此要求头型较小，体躯紧凑，背腰平直宽广，后躯发育良好。粗糙结实型和细致结实型体质最理想。

皮用兔主要产品是兔皮，所以粗糙或疏松的体质都不适宜，以结实型体质为好。

② 外貌。外貌选种就是通过外貌初步判定家兔的品种纯度、健康状况、生长发育情况和生产性能。通常鉴定的部位和要求如下。

a. 头部。

粗糙型：头比较大。

细致型：头比较小、眉目清秀。

结实型：头部大小与身体各部位比例合适。

家兔要求眼睛大、明亮，眼睛颜色应符合品种要求。

（a）白色长毛兔眼睛为粉红色。

（b）青紫蓝兔眼睛为茶褐色。

（c）中国白兔的眼睛为红色。

b. 身躯。要求肌肉丰满，发育良好，胸部宽深，背腰平直，臀部宽圆。家兔体况的标准有以下4类。

(a) 一类膘。用手抚摸腰背部脊椎骨，无算盘珠状的颗粒突起，过肥则暂不宜作种用。

(b) 二类膘。用手抚摸腰背部脊椎骨，有算盘珠状的颗粒突起，手抓颈背部，兔子使劲挣扎，说明体质健壮。一般以七八成膘是最适宜的种用体况。

(c) 三类膘。用手抚摸腰背部脊椎骨，有算盘珠状的颗粒突起，手抓颈背部，皮肤松弛，挣扎无力，一般为五六成膘，需加强饲养管理后方能作为种用。

(d) 四类膘。全身皮包骨头，手摸脊椎骨有明显算盘珠状的颗粒突起，手抓颈背部皮肤无力挣扎，一般为三四成膘。这种兔不能作种用，应该酌情淘汰。

c. 四肢。四肢应强健有力，肌肉发达。行走时观察前肢有无“划水”现象，后肢有无瘫痪症状。趾爪的弯曲度和色泽变化可以作为判断家兔年龄的依据。

d. 被毛。所有的家兔均应被毛浓密、柔软，富有弹性和光泽，毛色符合品种特征。

测定兔毛密度（尤其毛用兔）的方法是在兔的背部或体侧，用嘴向逆毛方向吹开被毛，形成漩涡中心，根据露出皮肤面积的大小进行评定。

(a) 最好。最好的密度为漩涡中心看不到皮肤或不超过$4mm^2$。

(b) 良好。不超过$8mm^2$。

(c) 合格。不超过$12mm^2$。

③ 体重。肉用、兼用兔要求体重越大越好。体大，表明生长良好，产肉性能高。毛用兔的体重应符合品种的标准。例如，我国中等饲养水平的德系安哥拉成年兔应为3～4kg，如

果达不到最低体重标准，表明发育不良，不能留作种用。

④ 其他。公兔要求睾丸大而且匀称，性欲旺盛，隐睾、单睾都不能留作种用。母兔要求母性好，产仔率高，乳头 4～5 对，外阴部清洁、无粪尿污染或溃烂斑。如果有产前不拉毛、不作窝，产后不肯哺乳，甚至有吃食仔兔恶癖的都应该淘汰。

（2）**分级评分标准** 可以根据生产性能、体尺测量、被毛、色泽、体形、四肢及健康状况等，在不同的日龄、月龄，测量体重、体长、胸围、产毛量等指标然后与标准的分级标准或评分标准进行比较后作以评定。

2. 选种的方法

选种的方法很多。针对单一性状的选择有个体选择、家系选择、家内选择、合并选择等，对于多个性状的选择有顺序选择、独立淘汰选择、综合选择等。

（1）**个体选择** 个体选择就是选择优秀个体，淘汰低劣个体。这种方法适用于一些遗传力高的性状选择，如 70 日龄前的生长速度和饲料报酬这两个性状的遗传力就属于遗传力高的性状。采用个体选择法就能获得较好的选择效果，因为遗传力高的性状，在兔群个体之间表现性的差异明显。

对于种母兔要求繁殖力高，要从窝产多的个体中选留母兔；母兔泌乳的能力要好，泌乳能力的高低可用仔兔 21 日龄的窝种来衡量，21 日龄的窝种越大，就说明泌乳能力强；初生仔兔的大小要均匀。

对于种公兔要把健康、活泼、性欲旺盛、精液品质好、体形大的个体留作种用。而对于懒惰，行动迟缓，性欲不旺盛，隐睾、单睾或睾丸一大一小的个体，都不能留作种用。

（2）**家系选择** 主要根据系谱来选择种兔。这种方法适应于繁殖力、泌乳力和成活率等性状。

① 系谱选择。根据系谱记载资料进行分析评定的一种方法。

② 同胞、半同胞测验。优点是在短时间内就可得出结果，优秀的种兔就可以留种繁殖。

③ 后裔鉴定。后裔鉴定就是通过大量的后代性能来判断种兔的性能。

（二）选配

选配的实质是有意识、有计划地决定公、母兔配对繁殖，目的是获得变异和巩固遗传特性，以便逐渐提高兔群的品质。

选配要有明确的目的，要避免近交，禁忌早配，提倡优秀配优秀，有遗传缺陷的不配，年龄悬殊的不配，注意公、母兔之间的亲和力，有相同缺点的不配，选配的方式如下。

1. 同质选配

同质选配就是选择性状相同或性能表现一致的优秀公、母兔进行交配。其目的是把这些性状在后代中得以保持和巩固，使得优秀个体数量增加，使群体的品质得到提高。例如，为了提高长毛兔的兔毛密度，就应选择毛密度性能都好的公、母兔交配。但要注意，同质选配也会使不良品质或缺陷在后代中得到巩固，所以不能选择具有同样缺点（包括体质、外形和生产性能）的公、母兔进行交配。

2. 异质选配

异质选配有两种情况。一种是选择具有不同优良性状的公、母兔交配，目的是将两个优良性状结合在一起，获得双亲不同优点的后代。如肉用兔中，选择产肉高的公兔与产仔性能好的母兔交配。另一种是选择同一性状但优劣程度不同的公、母兔交配，目的是以优改劣，丰富遗传性，提高后代的生产性能。因此，为了打破兔群的停滞状态，综合双亲的优良品质或矫正兔群的不良品质，可采用异质选配的方法。

3．年龄选配

年龄选配就是根据双方年龄进行选配的一种方法。因为同一只家兔，随着年龄的增长，所生后代的品质也不同。

实践证明，壮年公、母兔交配所生的后代，生活力和生产力较高，遗传性能稳定。因此，年龄选配的原则如下。

壮年公兔×壮年母兔

壮年公兔×青年母兔

壮年公兔×老年母兔

青年公兔×壮年母兔

老年公兔×壮年母兔

4．亲缘选配

就是看交配双方有无亲缘关系。如果交配双方有亲缘关系，就称为亲缘选配。如果交配双方无亲缘关系，则称为非亲缘选配。一般认为7代以内的为亲缘选配，7代以外的为非亲缘选配。

（1）近交的衰退现象 近交会有一些不良现象出现，包括生长发育缓慢、繁殖力下降、生产能力下降、抗病力降低、存活力降低、畸形率增加、死亡率上升等。

近交引起的畸形缺陷主要有“隐睾”“牛眼”“八字腿”和“下颌颌突”等畸形。

（2）防止近交衰退

第一，加强育种计划。在育种过程中，为了迅速巩固某些优良性状，允许采用亲缘选配，其他的时候必须严格禁止。在生产中最好以公兔为中心，建立一些亲缘关系较远的“系”，以后有计划地利用这些“系”间交配，来避免不恰当的亲交。

第二，建立严格的淘汰制度。近交很容易使遗传上的缺陷暴露出来，在表型上表现为品质低劣，甚至畸形。所以要淘汰不良性状，保留体格健壮、性能优良的公母兔留作种用。

第三，加强饲养管理。近交后代的遗传力稳定，种用价值也可能很高，但生活力较差，表现为对饲养管理条件要求较高等。如能满足要求，就可暂时不表现或少表现近交衰退影响，所以对近交后代必须加强饲养管理。

第四，保持一定数量的基础群。为了避免出现近交衰退现象，在兔场内必须保持一定数量的基础群，尤其是公兔数量。一般要至少有 10 只左右的种公兔，而且应该保持较远的亲缘关系。必要时候还可输入别的兔场的同一品种、同一类型的而无亲缘关系的公、母兔进行血液更新，来丰富兔场的遗传结构。

（三）选种阶段

（1）第 1 次选择 一般在断奶时进行，主要以系谱和断奶体重作为选择依据。系谱选择的重点是注意系谱中优良祖先的数量。优良祖先数量越多，则后代获得优良基因的机会就越多；断奶体重则对以后的生长速度有较大的影响。此外，还要配合同窝其他仔兔生长发育的均匀度进行选择，将符合育种要求的列入育种群，不符合要求的列入生产群。

（2）第 2 次选择 一般在 3 月龄时进行，从断奶到 3 月龄，兔的绝对生长或相对生长速度都很高。鉴定的重点是 3 月龄的体重、断奶至 3 月龄的日增重和被毛品质等，应选择生长发育快、抗病力强、生殖系统无异常的个体留种。

（3）第 3 次选择 一般在 5～6 月龄时进行，以生产性能和外形鉴定为主，根据生产指标、商品指标和体质外貌进行筛选，合格的进入种群。对于公兔还要进行性欲和精液品质检查。

（4）第 4 次选择 一般在 1 岁左右进行，主要鉴定母兔的繁殖性能，对于多次配种不孕的母兔予以淘汰。母兔的初产情况不能作为选种的依据，但对繁殖性能过差的母兔应予以淘汰。母兔第二胎仔兔断奶后，根据产仔数、泌乳力等进行综合评定。

（5）第 5 次选择 当种兔的后代已经有生产记录时，可根据后代品质对种兔再做一次遗传性能测定，以便进一步调整兔群，把真正优秀者转入核心群，优良者转入育种群，较差者转入生产群。

（四）引种技术

引种是兔生产中的一项重要技术工作。初养兔者需要引种，而养兔场（户）为了扩大规模、更换血统，或改良现有生产性能低的兔群也需要引种。正确掌握引种技术是发展家兔生产的关键。

1. 引种前应考虑的因素

（1）市场行情 如销路、价格等情况，同时考虑当地气候条件、饲料和自身条件，选购适宜的品种。

（2）种源地的情况 如生产水平、饲养规模、系谱是否清楚、记录是否完整、是否发生过疫情、种兔月龄体重、饲养人员的素质怎样等情况。

（3）引种前的准备 购入前，要进行兔笼、器具的消毒，饲草料以及常用药品的准备。

2．种兔选购技术

（1）选择优良个体 即使是同一品种、同一品系，其生产性能也有明显差异。所选择的个体应无明显的外形缺陷，如果有门齿过长、八字腿、小睾丸、隐睾或单睾、阴部畸形者都不宜购入。

（2）引种年龄 老年兔的种用价值和生产价值较低，高价购入不合算。1kg以下的兔适应性和抗病力较差，也不宜引种。一般都是以购入3～4月龄的青年兔为宜，同时还要根据牙齿、爪等来核实月龄，以防购回大龄小个体的老兔。

（3）血缘关系 近亲繁殖会造成兔品种退化、质量下降。因此，选购种兔时要注意购入的公兔和母兔之间的亲缘关系，要尽可能远。

（4）重视健康检查 病兔不仅自身个体发育、生产性能差，严重时还会将病原传入兔群，造成全群得病。

（5）引种季节 兔怕热，并且应激反应严重，所以引种应选择在气温适宜的春、秋两季，尤其是秋季。种兔运回后经过一个冬季的饲养，对当地的饲养方式、气候条件已经有所适应，到了来年开春即可繁殖，有利于提高引种后的经济效益和社会效益。切忌夏季引种，如果必须在夏季引种时，要做好防暑工作。冬季天气寒冷，也以少引种为宜。

三、繁育方法及提高措施

家兔的繁殖方法，可大致分为纯种繁育、品系繁育和杂交繁育3种。

（一）纯种繁育

纯种繁育简称纯繁，就是在同一品种或同一品系内进行繁殖和选育，目的是为了保证该品种的优点，保持和提高优良性状，并且增加品种内优秀家兔的数量，淘汰和减少不良性状出现的频率。但长期纯繁可能出现近交，即老百姓所说的“娇气”“退化”。所以还可以采用品系繁育方法。如毛用兔有的毛很密，有的毛很长，有的体格很大。这样可以建立毛密系、毛长系和体大系等。以后提供品系间的杂交就可以把几个优良性状汇集在一起。

例如，近年来我国已从美国、德国、法国引进不少具有不同特征、色型的獭兔良种，为了保持、提高这些外来良种的优良性能和扩大兔群数量，必须采用纯种繁育。通过纯繁，增强其适应性，保持其纯度，通过选种选配提高其质量，使其在生产和育种中发挥更大的作用。

在引入品种的繁育中应采取集中饲养、慎重过渡、逐渐推广的措施，以发挥引入品种的良种作用。

（二）品系繁育

所谓品系，就是来自相同祖先，一般性状良好，而某一项或几项性状表现突出，外貌相似的后代群。可以根据不同毛色、皮毛质量、体形、生长发育、繁殖性能等特点进行选育，形成具有不同优良性状的小群，然后进行品系群之间的杂交。这就可能在后代中综合不同小群的优良性状而提高家兔的品质。品系繁育的方法，目前常用的主要有系祖建系、近交建系和表型建系 3 种。

（三）杂交繁育

杂交繁育就是通过不同品种或品系的公、母兔之间交配，来提高兔群品质的一种育种方法。这是一种全面改良兔群性状，改良遗传结构，迅速提高某些低产种群的生产性能和创造新品种的繁育方法。采用这种方法可以产生“杂种优势”，即后代的生产性能、繁殖能力等方面都不同程度地高于其父母的总平均值。杂交可以获得较高的经济效益，一般杂交一代具有生活力强、生长发育快、产毛性能高等优点。目前生产中常用的有以下几种。

（1）经济杂交 经济杂交就是采用两个或三个品种（或品系）的公、母兔交配，目的是利用杂种优势，即后代的生产性能和繁殖力等都可能不同程度地高于双亲的平均值，以提高兔群的经济效益。在生产中，采用经济杂交时，要认真考虑杂交亲本的选择，杂交亲本必须是纯合个体。还要根据遗传规律，掌握基因的显性和隐性关系，切忌毫无目的和不按照遗传规律进行杂交。

（2）育成杂交 育成杂交主要用于新品种或新品系的培育。通过两个品种杂交培育新品种的方法，为简单育成杂交。通过三个以上品种杂交培育新品种的方法为复杂育成杂交。育成杂交一般分为三个阶段，即杂交创新阶段、横交固定阶段和扩群提高阶段。

（3）引入杂交 对于个别地方不理想，有某些缺点需要改进时，选择理想的公兔和这个品种的母兔进行杂交改良，从杂交一代中选择最优秀个体的公兔与被改良母兔交配，最优秀的母兔与被改良公兔交配，对它们的杂交后代再进行自繁。

四、家兔的一般育种技术

（一）编耳号

为了便于识别家兔和做好记录工作，对种兔必须进行编号。编号的最适宜位置是在耳的内侧，最适宜编号的时间是仔兔断奶前后。目前许多地方为了便于区分性别，公兔编号在左耳，编为单数；母兔编在右耳，编为双数。

编号一般使用专用耳号钳。先将要编号码插在钳子口上，再在耳朵内侧无毛而血管较少处，用碘酒消毒要刺入的部位，等到碘酒干后涂上食醋墨汁（食醋与墨汁的比例为1∶1），然后将耳号钳紧紧夹住要刺入的部位，用力紧压，刺针即穿入皮内，取下耳号钳，用手揉捏耳壳，使墨汁浸入针孔，数日后即可呈现出蓝色号码。如果没有耳号钳，也可用大头针刺成号码。

（二）体尺测量

家兔的体尺通常只是测量体长和胸围，必要时再测耳长和耳宽，单位以“cm”计。

① 体长。指鼻端到尾根的直线距离，最好用卡尺或直尺。

② 胸围。指肩胛骨的后缘绕胸廓1周的长度，用卷尺测量。

③ 耳长。耳根到耳尖的距离。

④ 耳宽。测量耳朵的最大宽度。

（三）生产性能测定

1. 体重测量

所有的体重测量均应在早晨饲喂之前进行，单位以“kg”或“g”计算。

① 初生重。指产后12h内称测活仔兔的全窝重或个体重量。

② 断奶重。指断奶的当天饲喂前的重量，分断奶窝重和断奶个体重，并需要注明断奶日龄，一般频密繁殖采用 4 周龄断奶。

2. 繁殖性能

① 受胎率。受胎率（%）=1 个发情期配种受胎数÷参加配种母兔数。

② 产仔数。指 1 只母兔实际产仔兔数，包括死胎、畸形。

③ 产活仔兔数。指称测初生重时的活仔兔数，母种兔成绩以连续 3 胎平均数计算。

④ 断奶成活率。断奶成活率（%）=断奶仔兔数÷产活仔兔数。

⑤ 幼兔成活率。幼兔成活率（%）=13 周幼兔成活数÷断奶仔兔数。

⑥ 泌乳力。泌乳力用 21 日龄仔兔窝重来表示，包括寄养仔兔，母兔成绩按照连续 3 胎的平均数计算。

3. 产毛性能

（1）产毛量 成年兔实际产毛量是该年 1 月 1 日至 12 月 31 日实际剪毛量的总和；估测毛量是以个体 9 月龄 1 次剪毛量的 4 倍来计算，养毛期为 90 天。

（2）产毛率 是毛用兔产毛量与自身体重的百分比，客观地反映了单位皮肤面积的产毛量。

（3）毛料比 毛料比=统计期内饲料消耗量（kg）÷统计期内剪毛量（kg）。

（4）兔毛品质 指兔毛的长度、细度、强度，测量样品的部位以十字部毛样为代表。

① 长度。包括毛丛自然长度和毛纤维长度。

毛丛自然长度是指兔体上测 3～4 个毛丛长度的平均值。

毛纤维长度是指剪下的毛纤维单根自然长度，测量 100 根的平均值，单位以“cm”计算，精确到 0.1cm。

② 细度。以单根兔毛纤维中纤维中段的直径来度量，测量 100 根的平均值，以“μm”为单位，精确到 0.1μm。

③ 强度。用仪器进行测定，是指拉断兔毛的应力，用“N”表示，测量 30 根的平均值。

4. 产肉性能

(1) 生长速度 生长速度（g/日）＝统计期内兔体增重量（g）÷统计期内饲养日数（日）。

(2) 饲料转换率 饲料转换率＝统计期内饲料消耗量（kg）÷统计期内兔体增重量（kg）。

(3) 屠宰率 屠宰率＝屠体重÷家兔活重。

① 屠体重。“全净膛重”是指放血、去皮、去头、尾、前脚（腕关节以下）、后脚（跗关节以下），剔除内脏的全净膛屠体重量。“半净膛重”是指全净膛基础上留肝、肾、腹壁脂肪的屠体重量。

② 家兔活重。是指屠宰前停食 12h 以上的活重。

（四）育种记录

1. 个体记录

成年公、母兔都应有个体记录牌，一般挂在兔笼的前壁上。工作人员应及时把每只公、母兔的情况分别填写在记录牌上。

母兔个体记录牌

耳号：________________ 品种：________________

体重：________________ 出生日期：____________

交配		预产期	分娩					离乳			备注
			日期	产仔数	死胎数	活仔数	仔兔窝重	日期	仔兔数	仔兔体重	

公兔个体记录牌

耳号________________ 品种________________

体重________________ 出生日期________________

交配日期	配种方式	母兔号	配种记录	备注

2．种兔卡片

凡是成年公、母兔均应有记载详细的种兔卡片，主要记录兔号、系谱、生长发育、繁殖性能、生产性能和各种鉴定成绩资料。

（1）种兔卡

品种		毛色特征		初配年龄	
耳号		奶头数		初配体重	
性别		出生日期		来源	

（2）系谱

项目	父系		母系	
耳号				
品种				
体重				
等级				
耳号				
品种				
体重				

续表

项目	父系				母系			
等级								
耳号								
品种								
体重								
等级								

（3） 生长发育及鉴定记录

年份	月龄	体重	体长	胸围	产毛量	登记鉴定	备注

（4） 母兔产仔哺育记录

年份	胎次	配种公兔		分娩	产仔				断奶		留种仔兔	
		耳号	品种	日期	总数	死胎	活胎	窝重	头数	窝重	公	母

（5） 公兔配种繁殖记录

年份	配种母兔（头数）	不孕母兔（头数）	产仔数（头数）	留种仔兔		备注
				公	母	

3. 母兔配种繁殖记录

主要记录胎次、配种日期、分娩日期、产仔数、初生重、断奶重等。

母兔繁殖记录

胎次	配种			分娩				留种		1月龄		断奶			
	日期	配前体重	与配公兔	日期	产仔数	活仔数	窝重	只数	总重	只数	总重	日期	只数	总重	均重

4. 种公兔配种记录

主要记录种公兔的初配年龄、体重，与之交配的母兔、配种日期、配种效果等。

种公兔配种记录

品种	耳号	初配年龄	初配体重	与之配种母兔		配种日期				受胎日期	备注
				品种	耳号	1次	2次	3次	4次		

5. 青年兔生长发育记录

主要记录出生日期、断奶体重、3月龄体重、6月龄体重和体尺、成年体重等。

青年兔生长发育记录

品种	耳号	性别	父		母		出生日期	断奶重	3月龄重	6月龄			成年体重	成年产毛量
			品种	耳号	耳号	品种				体重	体长	胸围		

CHAPTER 6

第六章 家兔的营养需要和饲料配合

一、家兔的营养学原理

（一）饲料与兔体的组成

家兔是草食性动物，构成兔体的物质直接来源于植物饲料。因此，家兔生产实际上是将植物的营养转化成兔体产品的过程，其效率在很大程度上取决于饲料营养的供应。

（二）家兔对饲料营养物质的消化和吸收

消化和吸收就是将饲料营养物质经过降解被家兔吸收和利用的过程。营养物质主要有蛋白质、碳水化合物、脂肪、无机盐和维生素等。

（三）影响营养物质消化的主要因素

家兔对饲料营养物质的消化，受饲料、家兔本身、环境和饲养方式等因素的影响。

（1）**植物饲料的收割时期** 植物体内的木质素不能被家兔吸收，植物越成熟，木质素的含量越高。木质素的含量高，就会妨碍纤维物质的消化。

（2）**日粮组成** 家兔对饲料的消化程度，单一饲料不如混合饲料。这与二者刺激消化液的效果不同有关。

（3）**家兔年龄** 幼兔对某些营养物质（如蛋白质）的吸收能力很强，所以消化率比成年兔高。相反成年兔对于纤维物质的降解能力要比幼兔强。

（4）**生理状态** 妊娠后期，由于胎儿的长大，子宫占腹腔的容积显著增大，消化道容积所占的比例相对缩小。因此，妊娠后期母兔对很多物质的消化均显著低于空怀母兔。

（5）**环境温度** 高温环境不仅严重影响家兔的繁殖，而且还影响其对营养物质的消化形式。

（四）营养物质在体内的转化

营养物质在体内的转化就是消化了的营养物质经过消化道黏膜细胞吸收到血液，通过血液循环输送到兔体各种组织和器官加以利用的过程。各种物质的代谢途径是不一样的，因营养物质的种类不同而异。

二、家兔对各种营养物质的需要

家兔的营养需要是指保证家兔健康和充分发挥其生产性能所需要的饲料营养物质数量。科学养兔不仅要了解家兔的不同生长发育阶段的营养需要，制定出高效、低成本的饲养标准，而且要了解不同饲料的种类、特点、加工及营养成分，配合全价日粮，以达到提高饲料报酬、增加优质产品、提高经济效益的目的。

（一）维持需要和生长需要

（1）**维持需要** 家兔是恒温动物，在任何气温条件下，都要尽力保持体温的恒定。通过氧化营养物质，产生热量。简而言之，维持需要就是仅仅用于维持其生命所需要的营养物质。

（2）**生产需要** 家兔消化吸收的营养物质，除去用于维持需要，其余部分则用于生产需要，主要包括妊娠、泌乳、产肉和产毛等。

（二）能量需要

家兔的各种生命活动都需要能量，能量主要来源于食入的饲料中的碳水化合物、蛋白质和脂肪。当日粮能量水平过低时，虽然家兔能通过增加采食量来获得较多能量，但因为消化道的容积毕竟有一定的限度，仍不能满足其对能量的需要。相反如果日粮中能量过高，如谷物饲料的比例过大，则会出现大量的碳水化合物在大肠内异常发酵，轻者出现消化紊乱，重者发生消化道疾病。同时，日粮中的能量水平过高，家兔会出现脂肪沉积过多而肥胖，对繁殖的公、母兔都会产生影响。同时，高能量有利于提高饲料的利用率。

（三）蛋白质需要

蛋白质是一切生命的物质基础，是有机体的重要组成成分，在家兔的生产和生理过程中具有重要的作用。蛋白质缺乏不仅会影响家兔的生长繁殖，而且会导致皮、毛、肉等品质的下降。饲料蛋白质的主要营养作用是以氨基酸的形式吸收进入体内后，用以合成家兔自身所特有的蛋白质和其他活性物质，满足自己不断更新、自身生长发育和生产的需要，如激素、嘌呤、血红素、胆汁酸等。

日粮中蛋白质水平过低，不利于家兔健康，影响生产性能。相反，日粮中蛋白质水平过高，不仅造成浪费，同时消化不充分的蛋白质进入盲肠、结肠，会引起这些部位的魏氏梭菌等病原微生物的大量繁殖，产生大量毒素，引起腹泻，导致死亡。因此，要合理搭配饲料，在保证蛋白质营养供应的同时，应避免蛋白质营养过剩。日粮蛋白质水平对产毛也有明显影响，粗蛋白水平在16.2%时，产毛量最高，毛的品质也最佳，而高于或低于这个数值均对产毛不利。

（四）脂肪需要

脂肪是家兔机体组织的重要成分，是家兔能量的重要来源，具有供能、储能的作用，尤其是提供必需脂肪酸，如亚油酸、次亚麻油酸、花生油酸等，兔体内不能合成，必须由饲料中的脂肪供应。同时，脂肪还是脂溶性维生素及激素的溶剂。幼兔从乳汁中获得脂肪，需要量多，成年兔需要量相对较少。

饲料中加入2%～5%的脂肪，有助于提高适口性，增加采食量，对于家兔的生长具有促进作用。饲料中脂肪不足会影响饲料的适口性，会导致生长发育不良、脱毛、身体消瘦、脂溶性维生素缺乏、公兔精子发育不良、母兔受胎率下降。但饲料中脂肪含量过量则会导致家兔腹泻甚至死亡。兔的日粮中脂肪的需要量为2%～5%。家兔能够较好地利用植物性脂肪，对于动物性脂肪的利用率较差。因此，日粮中添加脂肪一般是使用植物性脂肪。

（五）维生素需要

维生素是一类低分子有机化合物，在家兔体内含量极微。家兔在盲肠能利用食糜合成维生素K和B族维生素，通过食软粪途径，能满足要求。另外，家兔的皮肤在阳光照射下，能合成维生素天，满足其对于维生素天的部分需要，而其他维生素则完全依赖饲料提供，如维生素 A、维生素 E 等。尤其是维生素 A 作为一种微量营养成分，在维持动物正常生命活动和发挥其生产潜力方面具有重要作用，能增加对传染病的抵抗力，促进生长，刺激食欲，并有助于繁殖和泌乳。维生素 E 具有抗氧化作用，保护红细胞免于溶血，促进垂体前叶分泌促性腺激素，维持动物的正常性周期，并增强卵巢机能，保证受精及胚胎发育的正常进行。

（六）无机盐需要

家兔的无机盐主要是钙、磷、钠、钾、镁、硫等常量元素，还有铁、铜、锌、钴、锰、钼、碘、硒等微量元素。缺乏某种无机盐会影响兔体健康，会得相应的疾病。实际生产中关于常量元素的研究较少，目前主要是研究对微量元素的营养需要。如锌元素是兔体许多种酶的组成成分，参与蛋白质、糖和脂类的代谢，且与动物的生殖、免疫和生长发育有关。兔缺锌会导致食欲下降、生长受阻、被毛粗乱易折、无光泽。锰是许多种酶的激活剂，能影响碳水化合物、脂肪和氮的代谢，对于骨骼形成、繁殖和胚胎正常发育有重要作用。缺锰会造成骨骼发育不良、弯腿、骨脆等症状。

（七）粗纤维需要

家兔是食草动物，盲肠中含有大量的微生物，其消化道在进化过程中形成了能够有效地利用植物饲料的生理特点，能很好地分解粗纤维，将其转化成挥发性脂肪酸的形式而被吸收。不过，家兔对粗纤维的消化能力并不像过去人们所认为的那样高，对粗纤维的消化能力较低，仅仅为 14%。然而，粗纤维是家兔的必需营养物质，粗纤维能维持正常消化机能，如果给家兔高能量、高蛋白日粮，往往事与愿违，不但不能产生加快生长的作用，反而导致消化道疾病。其主要原因是，未被消化的纤维饲料起着促进大肠黏膜上皮更新的作用，预防消化道疾病，预防毛球病。所以长期饲喂低纤维性日粮，消化道黏膜结构会发生异常变化。此外，日粮中的粗纤维是保持食糜正常稠度，控制其通过消化道的时间和形成硬粪所必需的。可以预防毛球病，将家兔吞咽下的兔毛从胃里带到肠管而排出体外。

研究表明，以14%日粮粗纤维水平对产毛、产肉最为有利。

（八）水的需要

水是家兔机体一切细胞和组织的必需成分，对于家兔生命活动和生产起着非常重要的作用。水的来源主要依靠饮水、饲料水和代谢水。家兔缺水或限制饮水，会显著降低兔的采食量和日增重，且年龄越大表现越明显。

兔体内损失水分10%会导致代谢紊乱，脱水20%以上就会导致死亡。幼兔在充分饮水条件下平均日增重为30.6g，而限制饮水75%时则平均日增重为20.6g。另外，缺水会影响营养物质的吸收，尤其是3～4月龄的哺乳仔兔最为敏感。例如在15～25℃下缺水，25日龄或刚断奶的仔兔体重减轻20%。夏季天气炎热缺水时间一长，兔容易中暑死亡，母兔分娩后无水易发生食仔兔现象。因此，保证家兔充足饮水是获得生产效果的必要条件。

三、家兔的饲料和饲料添加剂

家兔饲料来源广泛，野草、野菜、农作物秸秆、树叶以及蔬菜均可用来饲喂家兔。但是在实际生产过程中，特别是高产良种兔的规模化生产中，任何一种单一种类的饲料都有营养上的片面性、局限性和特殊性，均须与其他多种饲料进行科学搭配，才能最大限度地发挥其生产潜力，获得最佳经济效益。

（一）常见的饲料种类

家兔的饲料要结合本地区的实际情况，采取饲料与青饲料相结合的方法，可大大提高经济效益。充分利用本地区的饲草资源，可降低饲料成本。在山区地区，饲草资源丰富，可以利用的饲草在春、夏、秋三个季节都可采集到。冬季可以储备一些，规模较大的养殖场可利用闲地、坡地、树下种植一些牧草。

常用的饲草有刺槐叶、杨树叶、桑树叶、榆树叶、苹果树叶、梨树叶等。需要注意的是有毒的树叶不能拿来饲喂家兔，如杏树叶、樱桃树叶、桃树叶、李子树叶、夹竹桃叶等，还有玉米苗、高粱苗等也不能喂，但成熟后的玉米秸则是很好的青饲料。

家兔饲草的“十不喂”原则。

① 不喂霜草，要晒干后再喂，以防腹泻。

② 不喂泥土草，防止消化不良。

③ 不喂农药污染草，以防中毒。

④ 不喂毒草，如臭椿叶、毒芹等。

⑤ 不喂被兔粪尿污染的饲料，以防止肠炎和母兔流产。

⑥ 不喂带有尖刺的草，特别是仔兔、幼兔更要注意。

⑦ 不喂发芽的马铃薯和带有黑斑的红薯，防止中毒。

⑧ 不喂大量的菠菜、牛皮菜、紫云英、大白菜，防治腹泻。

⑨ 不喂未经煮熟的和未经炒熟的豆类饲料，防止发生胀

肚和消化不良。

⑩ 不喂发霉、变质饲料，以防腹泻甚至死亡。

1．青绿饲料

青绿饲料富含叶绿素，且富含水分，含水量高达60%～90%，体积大，单位重量含养分少，营养价值低。家兔最爱吃的是粗纤维含量少而汁多的青绿饲料。较嫩的野草、人工栽培的牧草、蔬菜叶等维生素含量丰富，适口性强，都是家兔很好的饲草。这类饲料水分含量高、粗纤维含量高、蛋白质含量较高、维生素的含量丰富。

家庭兔场应以青料为主，精料为辅，青料是维生素的重要来源，同时也可以控制膘情，对于促进种兔的活动有重要作用。俗语说“四季不断青，胎胎不落空”就是这个道理。但是，单纯以青绿饲料为日粮不能满足能量需要。

2．多汁饲料

多汁饲料种类很多，如萝卜、土豆、红薯、胡萝卜、南瓜、西瓜皮等，此类饲料含有丰富的淀粉和糖以及多种维生素，是一种适口性很强的优质饲料。我国广大农村喜欢用菜叶喂兔，但菜叶堆放时间长，保管不当，会发霉腐败，或者在锅内加热或煮后焖在锅里过夜，都会促使细菌把硝酸盐还原为亚硝酸盐，可导致家兔中毒。另外，水分含量高达90%以上的蔬菜类饲料饲喂过多，易引起家兔消化道疾病，饲喂前要将其晒蔫。

3．干草

通常在牧草生长的旺季收割后，通过晒干等方法使牧草脱水，制成能长期保存的不易变质的干草。但是干草在储存过程中会发生养分流失、营养价值降低等问题。干草营养价值受到植物种类、刈割时期和调制方法的影响。其蛋白质品质较完善，胡萝卜素和维生素 D 含量丰富，是家兔最基本最主要的饲料。

4. 藁秕饲料

藁秕饲料是农作物的副产品。成熟农作物籽实收获后所剩余的茎秆和残存的叶片称为藁秆，如稻草、麦秸、大豆秸、花生秧、红薯秧、青干草等。含有丰富的蛋白质、钙、磷、胡萝卜素、维生素等。植物籽实的外壳或内芯统称为秕壳，如稻谷壳、大豆壳和玉米芯等。这类饲料粗纤维含量高，可以达到30％～45％，其中木质素比例大，一般为 6.5％～12％，有效价值低，蛋白质含量低且品质差，钙、磷含量低且利用率低，适口性差，营养价值低，消化率也低。

5. 能量饲料

通常将饲料干物质中粗纤维含量在 18％以上的饲料称为粗饲料。粗纤维含量在 18％以下，粗蛋白质含量在 20％以下，消化能含量在 10.5MJ/kg 以上的饲料称为能量饲料，也称为精饲料。

这类饲料的基本特点是无氮浸出物的含量丰富，可以被家兔利用的能值高。含粗脂肪 7.5％左右，且主要为不饱和脂肪酸，适口性好，消化利用率高，在家兔饲养中占有极其重要的地位。

家兔常用的能量饲料有大麦、小麦、高粱、豆类、玉米、糠、麸、豆饼、酒糟和稻谷等。此类饲料的特点是粗纤维少，可消化营养物质多，蛋白质和磷的含量比较丰富，是理想的家兔饲料。

6. 蛋白质饲料

蛋白质饲料是指干物质中粗纤维含量在18%以下、粗蛋白含量在20%以上的饲料。蛋白质补充饲料有两种。一种是植物性蛋白质补充料，主要包括豆类籽实（大豆、蚕豆和豌豆）和油饼类（豆饼、棉籽饼、菜籽饼）。家兔的饲料中常用豆饼作为蛋白质补充料。菜籽饼、棉籽饼因为含有有毒成分，一般很少用。另一种是动物性蛋白质补充饲料，包括鱼粉、肉骨粉、蚕蛹粉和血粉等，含有丰富的蛋白质、脂肪，磷、钙等矿物质，饲料中适量掺入动物性饲料，对于家兔的生长发育、配种繁殖、生产性能的提高均有显著的功效。家兔是草食性动物，动物性蛋白质因为气味较浓，家兔不喜欢采食，故其添加量要控制在2%～5%，不能再高，否则会影响饲料的适口性。

7. 矿物质饲料

以提供矿物质元素为目的的饲料叫矿物质饲料。家兔饲料中虽然含有一定量的矿物质元素，但远远不能满足其繁殖、生长和皮毛的生产需要，必须按照一定比例额外添加矿物质饲料，尤其是补充钙、磷。主要的矿物质饲料包括食盐、骨粉、蛋壳粉、贝壳粉、石粉等，含有丰富的钙和磷，对幼兔的骨骼发育有着重要作用，如食盐可以改善口味，提高家兔的食欲，在日粮中通常加入2%即可。

（二）饲料中的有毒成分

1. 胰蛋白酶抑制因子

胰蛋白酶抑制因子在大豆中含量特别高（可达10.7μg/g）。它会影响蛋白质的消化，还会使家兔丧失部分蛋白质。然而经过高温处理可以破坏胰蛋白酶抑制因子，在热榨豆饼中可以大大降低含量。大豆、豆腐渣经过煮熟处理后，可以基本上消除这种有害物质。

2．霉菌毒素

饲料保存不当会发霉变质，产生黄曲霉、灰曲霉等产毒素的霉菌，霉菌所产生的毒素对家兔的健康会造成很大的伤害。如黄曲霉毒素中毒，表现为食欲废绝，饮水废绝，脱水和昏睡，继而发生肝脏受损和黄疸，甚至可以引发癌症。故发霉的饲料不能再拿来喂兔，发霉的玉米见图 6-1（彩图）。

图 6-1　发霉的玉米

（三）饲料添加剂

添加剂是指为了提高饲料利用率，保证或改善饲料品质，促进动物生产，保证其健康而掺入饲料中的少量或微量的营养性或非营养性物质。近年来，随着饲料工业的迅猛发展，饲料添加剂的研究逐步深入，其在养殖业中的效果也越来越明显。

家兔在舍饲的条件下，其营养物质完全来源于饲料。配合饲料一般情况下能满足需要，然而，有些微量营养物质常常缺乏，所以必须另行添加。另外，为了使营养物质能高效率地转化为兔产品，还可以在饲料中加入促进生长和促进长毛的物质。此外，还需加入预防常发病和防止饲料变质的物质，这些添加物总称为饲料添加剂。

1. 营养性添加剂

包括维生素添加剂、氨基酸添加剂和微量元素添加剂，目的是弥补这些物质的不足，提高全价性。

2. 促生长和保健添加剂

这类添加剂能刺激家兔生长，提高饲料的利用率和改善家兔的健康状况。如日粮中加入适当剂量的四环素、金霉素等抗生素，对家兔的生长有明显的促进作用，还能降低肠炎的发病率和死亡率。日粮中加入0.05%～0.1%磺胺二甲基嘧啶，饮水中加入0.02%的磺胺甲基嘧啶或加入0.02%～0.05%磺胺喹噁啉，均能有效地控制家兔球虫病的发生。

目前常用的兔用中草药添加剂资源丰富，作用广泛，具有理气消食、益脾健胃、驱虫除积、扶正祛邪、清热解毒、抗菌消炎、镇静安神等作用。健胃草药有神曲、山楂、麦芽、陈皮、枳壳等；槟榔、贯众等有驱虫作用；当归、益母草、五加皮等有利于气血运行；远志、松针粉、酸枣仁能养心安神。

四、全价日粮的配合与加工

日粮是指1只家兔1昼夜所采食的各种饲料量。按日粮中各种饲料的比例配合得到的混合料称为配合饲料。家兔生长中所需要的营养素是多方面的，任何一种单一饲料所含有养分种类及其比例均不能满足其需要。只有将多种饲料配合在一起，使之相互取长补短，才能配制出符合需要的全价饲料。

饲料配合就是以家兔的营养需要和干物质的含量为依据，结合家兔的消化生理特点、饲料特性及功能，将多种饲料搭配，组成一个既能满足家兔营养需要，成本又较低的全价饲料。也就是根据饲料中各种有效成分的含量和家兔对各种营养物质的需要，通过精确地计算而配得的饲料。

（一）全价饲料的配合原则

饲料配合要有科学性，要以家兔的饲养标准和各种饲料营养成分为依据，根据本场的具体情况，在采用多种饲料的基础上经过合理搭配，使其在营养价值上能基本满足家兔的饲养标准所规定的指标。

总体原则要求适口性好，经济实惠，符合家兔消化生理特点，满足家兔的营养需要。

① 要以家兔的饲养标准为依据。

② 要因地制宜，充分利用当地资源以提高经济效益。

③ 要由多种饲料组成。

④ 要充分考虑饲料的适口性。

⑤ 要符合家兔的消化生理特点。

（二）饲料的配合方法

家兔饲料的配合方法很多，目前在生产实际中常用的主要有计算机运算法和手算法。

运用计算机制订饲料配方，主要依据所用饲料的品质和营养成分、家兔对各种营养物质的需要量以及市场价格情况，将有关数据输入计算机，并提出约束条件，进行快速运算，获得最佳饲料配方。此方法的优点是速度快，计算准确，是饲料工业现代化的标志之一。但是，需要一定的设备和专业技术人员。手算饲料配合方法以“试差法”较为实用。因为过程较为复杂，这里也就不再赘述。

（三）颗粒饲料

实践经验证明，饲料经过适当的加工处理可以产生显著效益。家兔是啮齿类动物，具有啃咬坚硬食物的习惯，啃咬坚硬食物能刺激消化液分泌，增强消化道蠕动，提高饲料的消化率。因此，通常将粉状的饲料加工成颗粒状的饲料。颗粒料与粉状料比较，家兔对颗粒料有强烈的嗜好，并能产生明显的增重和产毛效益。一般颗粒料以长度 12mm、直径 5mm 为宜。对于哺乳仔兔，颗粒还应适当小一些，幼兔啃食大颗粒饲料容易造成饲料的浪费。

通过颗粒饲料机加工压成的颗粒料有一定的好处。一是使饲料淀粉发生一定程度的熟化，产生较浓的香味，提高适口性；二是大豆和豆饼、谷物中的胰酶抑制因子会发生改变，对消化不良的影响减小；三是可以消灭寄生虫卵和一些其他的病原微生物。但饲料颗粒化后也有些缺点，维生素会有一定程度的损失，损失量在 10%～15%（图 6-2，彩图）。

经验表明，喂给家兔颗粒料后，应充分供给清洁的饮水。总的来说家兔饲喂颗粒饲料有以下好处。

① 避免饲料变换引起的采食减少、消化不良和腹泻的发生。

② 控制了寄生虫病，同时消化道疾病的发病率也明显下降。

③ 与饲喂精料加青料相比，饲料的浪费少。

图 6-2　家兔颗粒饲料

④ 饲喂方便，节省人工。

综上所述，由传统饲料改变为全价颗粒料的饲养方法值得推广。但是，家兔饲料必须选用正规厂家配制好的兔专用颗粒饲料。专用的兔饲料采用豆粕、玉米、麸子、草粉、专用添加剂、微量元素等以适当的比例，根据兔的生长规律、消化特点配制而成，可大大提高饲料的利用率，可以用最低的投入换取最高的效益。

（四）家兔的饲养标准及兔的日粮配方举例

饲养标准是根据生产实践经验，结合动物代谢实验，科学地规定出不同种类、品种、年龄、性别、体重、生理阶段、生产水平的兔每天每只所需要的能量和各种营养物质的数量及每千克日粮中各种营养物质的含量。饲养标准要具有一定的科学性和普遍性，是生产中制定日粮配方、组织生产的重要依据。下面介绍几个饲养标准，供养兔户参考（表 6-1～表 6-3）。

表 6-1 獭兔饲养标准

营养成分	生长兔	哺乳兔	妊娠兔	维持
消化能/(MJ/kg)	10.4～10.5	10.9～11.3	10.5	8.8～9.2
粗脂肪/%	2～3	2～3	2～3	2～3
粗纤维/%	10～14	10～12	10～14	14～16
粗蛋白质/%	15～16	17～18	15～16	12～13
赖氨酸/%	0.56	0.9	—	—
含硫氨基酸/%	0.6	0.6	—	—
色氨酸/%	0.2～0.3	0.15	—	—
苏氨酸/%	0.55～0.6	0.7	—	—
钙/%	0.4～0.5	0.75～1.1	0.45～0.8	0.4
磷/%	0.22～0.3	0.5～0.7	0.37～0.5	0.3
铁/(mg/kg)	50	100	50	50
铜/(mg/kg)	3～5	3～5	—	—
锌/(mg/kg)	50	70	70	—
锰/(mg/kg)	0.2	2.5	2.5	2.5
碘/(mg/kg)	0.2	0.2	0.2	0.2
钴/(mg/kg)	0.1	0.1	—	—
维生素 A/(IU/kg)	5800～6000	12000	1160～1200	600
维生素 D/(IU/kg)	900	900	900	900
维生素 E/(IU/kg)	40～50	40～50	40～50	40～50

表 6-2 獭兔建议营养需要量（河北昌黎某獭兔养殖场）

营养成分	生长兔	成年兔	妊娠兔	泌乳兔	毛皮成熟期
消化能/(MJ/kg)	10.46	9.20	10.46	11.30	10.46
粗脂肪/%	3	2	3	3	3
粗纤维/%	14	14	13	12	14
粗蛋白质/%	16.5	15	16	18	15
赖氨酸/%	0.6～0.8	0.6	0.6～0.8	0.6～0.8	0.6
含硫氨基酸/%	0.5～0.6	0.3	0.6	0.4～0.5	0.6
钙/%	1.0	0.6	1.0	1.0	0.6
磷/%	0.5	0.4	0.5	0.5	0.4
食盐/g	0.3～0.5	0.3～0.5	0.3～0.5	0.3～0.5	0.3～0.5
日采食量/g	150	125	160～180	300	125

表 6-3　美国 N. R. C 饲养标准

营养素	生长期	维持期	妊娠期	泌乳期
可消化养分/%	65	55	58	70
消化能/(kJ/kg)	10460	8786.4	104560	10460
粗脂肪/%	2	2	2	2
粗纤维/%	10～12	14	10～12	10～12
粗蛋白质/%	16	12	15	17
钙/%	0.4	—	0.45	0.75
磷/%	0.22	—	0.37	0.5
镁/(mg/kg)	300～400	300～400	300～400	300～400
钾/%	0.6	0.6	0.6	0.6
钠/%	0.2	0.2	0.2	0.2
氯/%	0.3	0.3	0.3	0.3
铜/(mg/kg)	3	3	3	3
碘/(mg/kg)	0.2	0.2	0.2	0.2
锰/(mg/kg)	8.5	2.5	2.5	2.5
维生素 A/(IU/kg)	580	—	＞1160	—
维生素 E/(mg/kg)	40	—	40	40
维生素 K/(mg/kg)	—	—	0.2	—
烟酸/(mg/kg)	180	—	—	—
维生素 B_6/(mg/kg)	39	—	—	—
胆碱/(g/kg)	1.2	—	—	—
赖氨酸/%	0.65	—	—	—
蛋氨酸＋胱氨酸/%	0.6	—	—	—
精氨酸/%	0.6	—	—	—
组氨酸/%	0.3	—	—	—
亮氨酸/%	1.1	—	—	—
异亮氨酸/%	0.6	—	—	—
苯丙氨酸＋酪氨酸/%	1.1	—	—	—
苏氨酸/%	0.6	—	—	
色氨酸/%	0.2	—	—	—

兔的品种和类型不同，饲料的配方也有所差异。另外，各地饲料的优势不同，也就有许多不同特色的配合方法。现在向养殖户推荐几个较好的家兔饲料配方（表 6-4～表 6-10）。

表 6-4　河南省农业科学院肉兔的饲料配方　　单位：%

类型	玉米	麸皮	豆饼	花生秧粉	进口鱼粉	骨粉	食盐	添加剂
成年兔	20	25	15	34	2	2	1	1
幼兔	20	30	19	25	2	2	1	1

表 6-5　东北农学院兔场肉兔的饲料配方　　单位：g

饲料		哺乳母兔	种公兔	幼兔	青年兔
夏季	青草	1000～1200	800～1000	200～300	300～500
	精料	100～125	100	20～50	50～75
冬季	干草	250～350	200～250	50～100	100～150
	块根	250～300	200～250	50	150～300
	精料	100～150	100	30～50	50～100

注：所饲养的均为大型的肉兔品种。

表 6-6　中国农业科学院江苏分院家兔的饲料配方

单位：%

类型	豆渣	豆饼	麦麸	米糠	骨粉	食盐	砻糠灰
成年兔	60	10	10	18	1	1	—
哺乳母兔	50	20	17	10	2.5	0.5	—
1～2 月龄仔兔	70	11	15	—	2	1	1
3～5 月龄兔	70	15	10	—	2	1.5	1.5

注：此配方家兔的日粮以豆渣为主。

表 6-7　中国农业科学院江苏分院家兔的饲料配方

类型	每只每天喂精料/g	每只每天喂精料/g
成年兔	50	600
哺乳母兔	120	1000
1～2 月龄仔兔	50	200
3～5 月龄兔	60	400

注：此配方家兔的日粮以豆渣为主。

表 6-8　獭兔混合精饲料及青饲料喂量　　单位：g

獭兔类型	体重	春、夏、秋季		
		青饲料	干草	精饲料
1月龄以内	150	—	—	20
1月龄	250	250	20	25
2月龄	700	500	40	30
3月龄	1000	600	50	35
4～6月龄	2000	800	50	40
成年兔	3000	1000	50	50
配种公兔	3000	600	50	70
配种母兔	3000	1100	50	50
哺乳母兔	3000	1200	50	70
妊娠母兔	3000	800	50	60

表 6-9　獭兔混合精饲料及青饲料喂量　　单位：g

獭兔类型	体重	冬季			
		干草	大麦芽	块根块茎	精饲料
1月龄以内	150	—	—	—	20
1月龄	250	50	20	70	30
2月龄	700	60	25	80	40
3月龄	1000	70	30	100	45
4～6月龄	2500	80	35	120	50
成年兔	3000	100	40	250	55
配种公兔	3000	120	50	200	60
配种母兔	3000	130	60	210	60
哺乳母兔	3000	150	60	250	80
妊娠母兔	3000	130	60	250	70

表 6-10　河北保定某兔场饲料配方　　单位：%

品种	生长兔	仔兔补料	泌乳母兔	妊娠母兔和种公兔	空怀母兔
玉米	32	35.3	33	33	32
麸皮	12	12	9	10	10.5
豆粕	8.2	12	8.2	6	4
棉籽粕	3	2	3	2.5	3
菜籽粕	3	2	3	2.5	3
酵母	2	2	2	2	2

续表

品种	生长兔	仔兔补料	泌乳母兔	妊娠母兔和种公兔	空怀母兔
土霉素渣	3	3	3	3	3
粉浆蛋白	3	3	3	3	0
草粉	30	25	32	35	40
磷酸氢钙	1	1	2	1.5	1
食盐	0.5	0.5	0.5	0.5	0.5
兔乐	1	1	1	1	1
蛋氨酸	0.15	0.1	0.15	0	0
赖氨酸	0.15	0.1	0.15	0	0
球净	1.0	1.0	0	0	0

注：兔乐是营养添加剂，主要是维生素和微量元素；球净为抗球虫病添加剂。

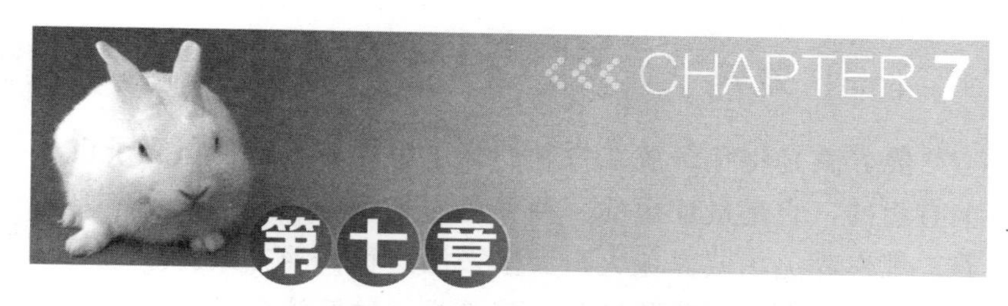

家兔的饲养管理

对家兔进行科学健康的饲养管理，是养兔生产的重要环节。不同品种、不同性别、不同年龄的家兔，以及在不同季节，其饲养管理都有不同的要求与特点。因此，要养好家兔，就必须根据家兔的生物学特性、不同的发育阶段并结合外界环境条件等，有针对性地为其创造一个适宜的生活环境，并制订一套科学的饲养管理方案。只有这样，才能不断提高所饲养的兔群体的质量，增加兔的数量，提高经济效益。

科学的饲养管理技术是养好家兔和取得高产优质产品的关键之一。如果饲养管理不当，即使有优良的兔种、丰富的饲料、合适的兔舍，仍然会使家兔生长发育不良、品种退化、抗病力差、死亡率高。因此，要养好家兔，必须采取科学的饲养管理技术。

一、家兔的饲养方式

家兔的饲养方式有许多不同类型，根据各地具体情况大体可分为笼养、放养和栅养等几种。其中以笼养最为理想。

（一）笼养

笼养就是将兔子放在特制的笼子里饲养，这种兔笼子市场上有卖的，它是最理想的一种养兔方式，特别是种兔一定要笼养，规模养兔场或养兔大户大多采用这种饲养方式。

根据国内外的养兔经验，笼养是一种经济效益最好的饲养方法。笼养的优点是饲养管理比较细致，可以定时、定量供给饲料，有利于饲养管理；可以控制配种繁殖，有利于选种选配；便于隔离饲养，可以减少疾病传播。缺点是笼舍设备造价较高，管理费工，且兔子运动不足，运动量不够，易影响兔群健康，因此最好配置一定面积的运动场，对幼兔和种兔安排适当的运动时间。

笼养根据笼位存放地点，可分为室内笼养、室外笼养和移动笼养 3 种。

1．室内笼养

室内笼养就是修建正规兔舍或简易兔舍，把兔笼放在兔舍内，可分单列式、双列式和多列式；兔笼可分为单层、双层和三层；房舍可分为土木结构、砖石结构等；屋顶可分为单坡式、双坡式、半顶式、圆拱式和钟楼式等；根据通风情况可分为封闭式、开敞式和半开敞式等。我国大型兔场大多采用室内笼养养殖，其主要优点是夏季易防暑，冬季易保暖，雨季易防潮，平时容易防天敌及兽害。

2．室外笼养

室外笼养就是把兔笼整年放在室外，也称为敞开式。这种方式的特点是无房屋，兔笼即兔舍成为一体，起到双重作用。笼顶设盖，笼内养兔。家庭养兔可利用屋檐或走廊放置兔笼。

养兔较多的专业户，可在庭院或树荫下搭一个简易小棚，把兔笼放在棚内。经验证明，这是农村中比较理想的一种养兔方式。优点是通风良好，但防暑、防寒、防潮、防敌害等不及室内笼养。室外笼养应有围墙，以防兽害与偷盗。此外也应有通道、储粪池、饲料室和管理室等。北方地区由于冬季寒冷，应在冬季加盖塑料大棚进行保暖。

3. 移动笼养

这种饲养方式，就是冬天把兔笼搬进室内，夏季搬到室外，兔笼轻便，可以移动。这种饲养方式特别适用于家庭养兔和冬季气候严寒的北方地区。

（二）洞养

洞养就是把家兔饲养在地下窖洞里。我国东北和华北地区采用这种饲养方式者较多。这是一种既经济简单，生产效率又很高的养兔方式，特别适宜于饲养肉兔和兼用兔。毛用兔因兔体容易沾污泥土而影响兔毛质量，所以不宜采用洞养方式。

（三）栅养

栅养即小群饲养。这种兔舍可用空闲屋子进行改建，也可以新建，一般在室外空地或室内用竹片、木棍或铁丝网围成栅圈，将兔放在圈内饲养，每圈占地 8～10m^2，每群 20～30 只。

这种方式适用于饲养毛用兔或皮用兔。种公兔应采取单独笼饲，妊娠母兔最好单独分圈饲养。为了保持兔舍清洁卫生，场地应每天清扫，室内每隔 3～5 天换垫草 1 次，定期消毒，以减少疾病传染。

栅养的优点是饲养成本较低，管理方便，能使兔子获得充分运动，呼吸新鲜空气，充分沐浴阳光，促进生长发育。缺点是不能定时饲喂，传染病较难控制，容易发生咬斗现象，不适宜饲养种公兔和繁殖母兔。

栅养适用于饲养商品肉兔。为了保持兔舍的清洁卫生，室外场地应每天清扫；室内场地可采用垫草法，每当地面弄脏后，可垫草一层，待垫草达到一定厚度时，要彻底清除1次，然后再次垫草。

场地要定期消毒，以减少疾病传染。栅内应设置采食和饮水器具，有条件的还可设置隔粪地板。

(四) 放养

放养又称群养或散养，就是把兔群长期放牧在饲养场上，任其自由活动、采食、配种繁殖。这是一种比较粗放的饲养方式，适宜于饲养肉用兔或皮用兔。放养兔应选用抵抗力强、繁殖力高的品种。放养兔的占地面积，一般以每只兔占有$1m^2$为宜。春夏季牧草丰盛，不用另行补料，每天只需饲喂清水，每周喂1次盐水即可。其他季节应看牧草生长情况，适当补加饲料。

放养的主要优点是节省人力、物力，饲养成本较低；能获得充足的阳光和新鲜空气，对生长和繁殖较为有利。但是需要有比较大并且比较安全的场地。缺点是无法控制配种、繁殖，容易引起品种退化；容易感染多种疾病，发生咬斗等现象。

二、饲养管理的一般原则

(一) 青料为主，精料为辅

家兔为单胃草食动物，具有草食性动物的消化生理结构和功能，盲肠发达，故在饲养过程中，饲料应以青饲料（青料）

为主，精料为辅。即使是现代化集约化兔场全部用颗粒饲料喂兔，也要遵循这一原则，在颗粒饲料中要添加适当比例的青粗饲料（如苜蓿粉等）。如果日粮中粗纤维的含量过低，兔的正常消化功能就会受到影响，出现紊乱，甚至引起腹泻。但完全依靠饲草，满足不了兔对营养的需要，还必须科学地补充精料、维生素、矿物质等营养物质，才能达到高产的要求。据试验，兔日粮中青粗料应占全部日粮的70%～80%。家兔每天采食青饲料的数量为本身体重的10%以上，体重3.5～4kg的成年兔，每天采食的青草量为400～450g。

对于饲养肉兔来说，由于肉兔具有生长快、繁殖力强、体内代谢旺盛等特点，除了喂青饲料外，还应适当补喂精饲料，后期催肥时，精饲料的比例还可以高些。据试验，肉兔日粮中混合精料应占全部日粮的20%～30%，体重3.5～4.0kg的成年兔，每天应补喂混合精料100～150g，其余全为青饲料。这也是为什么养兔子受到农民欢迎的原因，因为它可以做到不与人争粮。

据报道，一年四季只要有优质青饲料，就可养好家兔。从养兔实践来看，家兔最喜欢采食的饲料是植物茎叶（如青草、青菜、瓜类、果皮）、块根类（如甘薯、萝卜、甜菜等），精饲料中喜欢采食大麦、玉米、小麦等。另外，家兔具有喜欢采食颗粒饲料的生活习性，据试验，一般家兔每天饲喂其体重3%～5%的全价颗粒饲料，就能维持兔子的良好体况。

（二）合理搭配，逐渐变换

家兔所采食的各种饲料中所含有的营养成分不同，而家兔需要多种营养成分。如果饲喂单一的饲料，则不仅不能满足家兔的营养需要，还会造成营养缺乏症，从而导致家兔生长发育不良。多种饲料合理搭配就能够取长补短，使得家兔获得全价营养。如禾本科籽实一般含赖氨酸和色氨酸较少，而豆科籽实含赖氨酸和色氨酸较多，这两类饲料合理搭配，就能取长补短，营养全面。同样道理，青粗饲料也要多样化，比喂单一品种饲料营养要全面。

根据我国目前家兔饲料来源的实际情况，要满足家兔对能量、蛋白质、脂肪、无机盐和各种维生素的需要，须特别注意饲料的合理搭配。饲料多样化，对提高饲料蛋白质的利用率有更显著的作用。所以，在生产实践中为了提高饲料的利用价值，经常采用多种饲料搭配使用，这样不但能起到提高日粮蛋白质含量和利用率的作用，而且也能使其他营养物质互补余缺，保证家兔能够获得全价的营养物质。即使青饲料也是如此，俗话说："若要兔子好，饲喂百样草"，就是这个道理。

另外，饲料供应常随季节而变化。例如，夏、秋季节青绿饲料较多，冬、春季节干草和根茎类饲料较多，这种因季节不同或饲料供应不同确需变更日粮时，应该掌握逐渐变换的原则，先喂以少量的新饲料，经过 1 周时间的变换过程。饲料品种的更换有时用"三、二、三"的方法，即第一次以 1/3 的新料，2/3 的原来饲料；第二次用 1/2 的新料，1/2 的原来饲料；第三次用 2/3 的新料，1/3 的原来饲料。饲料的变换就是这样逐渐过渡的，不要突然更改饲料品种，这样能够使家兔的消化机能逐渐适应新的饲料条件。如果饲料突然改变，往往容易引起兔子的食欲降低或消化机能紊乱，甚至发生腹泻、便秘等消化道疾病。

（三）定时定量，添喂夜草

家兔的饲喂方法有以下 3 种，可根据生产中的实际情况进行选择。

1. 自由采食

即在兔笼中经常备有饲料和饮水，任家兔自由采食，常用的饲料有颗粒饲料或饲草，并要有自动饮水装置。一般大、中型养兔场多采用这种方式。常用的饲料为全价颗粒饲料，集约化养兔场常常采用全价颗粒饲料喂养。优点是能充分发挥家兔的生产性能，这样做也比较省事。

2. 定时定量

即限量饲喂，每天喂兔的饲料数量、饲喂时间和喂料次数都是一定的，这样可使家兔养成良好的采食习惯，增进食欲，有利于饲料的消化和营养物质的吸收。每天饲喂次数，一般成年兔3～4次，青年兔4～5次，幼兔可增加到5～6次，通常精料分2次喂给，青料分3次喂给。这种时间间隔的设定是根据兔肠道的排空周期来决定的。

3. 混合法

即将家兔的饲粮分成两部分，一部分为基础饲料，包括青绿饲料、多汁饲料和粗饲料等，这部分饲粮采取自由采食方法；另一部分是补充饲料，包括混合精饲料、颗粒饲料和块根块茎类，这部分饲料采取分次喂给的方法。农村养兔大多采用混合饲喂的方法。

据观察，在自由采食情况下，家兔每天采食25～30次，每次时间约5min，每次采食饲料2～8g。各种饲料在家兔消化道内的消化吸收时间也不一样。在胃内的消化时间，块根和蔬菜类为2～3h，青草类为3～4h，青贮料为4～5h，精料为5～8h，干草类为8～12h。家兔夜间采食量约占全天日粮的一半以上。一般在光照开始后2h食量降低到最低水平，而在黑夜来临前几小时明显提高，整个夜间都保持着较高的水平。因此夜间（最好是晚上9：00以后）加喂1次饲料，这对家兔的健康和长膘都很有好处。

根据生产实践，要养好家兔，应按营养需要和季节特点，制订出喂兔的操作日程，并要保持相对稳定，不要忽早忽迟，也不能饥饱不均。在饲喂过程中，要掌握先喂草，后喂料，这样既能让兔吃饱吃好，又能使饲料得到充分消化，提高饲料利用率。根据家兔昼静夜动的特点，饲喂时应掌握“早餐要早，晚餐要晚，中餐要精”的原则。群众有“家兔无夜草不肥”的说法，这种说法是正确的，特别是冬季更应注意这特点。

（四）饲料调制，注意品质

家兔对饲料的选择比较严格，凡被践踏、污染的草料，霉烂、变质的饲料，一般都拒绝采食。因此，饲喂家兔的饲料必须清洁、新鲜。为了改善饲料的适口性，提高消化率，各种饲料在饲喂前必须适当加工、调制。

1. 青绿饲料饲喂前的处理

青草和蔬菜类饲料的饲喂应先剔除有毒、带刺植物，如受污染或夹杂泥沙则应清洗，晾干后才可以喂。水生饲料更要注意清除霉烂、变质和污染部分，晾干后再喂。对含水量高的青绿饲料应与干草搭配饲喂，单独饲喂效果不好。

2. 粗饲料饲喂前的处理

粗饲料（干草、秸秆、树叶等）应先清除尘土和霉变部分，最好粉碎成干草粉与精料混喂或制成颗粒饲料饲喂。

3. 块根饲料饲喂前的处理

块根饲料，要经过挑选、洗净、切碎，最好刨成细丝与精料混合饲喂；冰冻饲料一定要解冻或煮熟后方可饲喂。

4. 谷物类饲料饲喂前的处理

谷物饲料（大麦、玉米、小麦等）和饼粕类饲料均需磨碎或压扁，最好与干草粉混合拌湿饲喂或者制成颗粒饲料喂给。

喂兔的饲料必须清洁、新鲜。青料不可储存过久，霉烂、霜冻、露水草等对家兔都是有害的。对仔兔和妊娠母兔更应重视饲料品质，以免引起肠胃炎和流产。

据生产实践证明，注意饲草、饲料的品质，还必须做到以下“十不喂”的原则。

① 一不喂霉烂、变质饲料。

② 二不喂带雨、露水的青绿饲料。

③ 三不喂粪、尿污染的饲料。

④ 四不喂农药污染的饲料。

⑤ 五不喂冰冻饲料。

⑥ 六不喂发芽马铃薯和带黑斑病的甘薯。

⑦ 七不喂未经蒸煮或焙烤的豆类饲料（因为豆类中含有抑制胰腺活动的酶）。

⑧ 八不喂有毒植物。

⑨ 九不喂大量的大白菜、菠菜等。

⑩ 十不喂大量的紫云英等青绿饲料。

（五）保持安静，防止骚扰，注意卫生

家兔胆小怕惊，一旦受惊，就会引起精神不安，食欲减退，甚至死亡。据实验，饲养在安静兔舍中的3～4月龄的青

年兔，每月增重可达0.5～0.8kg，而饲养在嘈杂环境的，则增重很少，甚至不增。因此，在日常管理或接近兔笼、兔舍和兔群时，都要轻手轻脚，保持安静，更要防止猫、狗、鼠等的侵袭。饲养人员不要经常更换，也不要频繁更换工作服的颜色，以减少应激刺激。

家兔是爱清洁爱干燥的动物，其体质比较弱，抗病力也较差，肮脏潮湿的环境是诱发家兔疾病，特别是某些消化道疾病、寄生虫病的主要原因。兔舍污秽潮湿，容易使病原微生物繁殖，导致疾病蔓延。因此，每天要打扫兔笼、兔舍，清理粪便，经常洗刷饲养用具，勤换垫草，定期消毒，经常保持圈舍卫生、干燥，有条件的地方，最好网上饲养，使得病原微生物无法生存和繁殖，粪尿不再接触兔体。

兔舍、兔笼及用具的消毒时间间隔，因季节和消毒对象而有一定的差异。在冬季，兔舍地面和兔笼至少应每月消毒1次，食槽和水槽每半个月消毒1次；夏季环境潮湿，病原微生物繁殖速度加快，消毒的次数应适当增加，兔舍地面和兔笼每半个月1次，食槽、水槽每周1次。

不同的消毒对象，所采用的消毒剂也不同。兔场进出口处设置消毒池，内放草垫，倒入5%的氢氧化钠溶液或20%新鲜石灰水或0.1%的过氧乙酸溶液，使得药液略浸过草垫，让行人、车辆通过时进行消毒；兔舍入口处设立消毒室，采用紫外线消毒；兔笼可用汽油喷灯进行火焰消毒；饲养人员搞好个人卫生，工作服要及时消毒清洗，当接触或处理病兔后，手、鞋、衣服一定要严格消毒后再使用，否则极易传播疾病。

（六）分群管理，适当运动，增强体质

为适应家兔的生长发育和配种繁殖的需要，应进行分群管理，按照年龄、性别、品种、用途等分成公兔群、母兔群、青

年兔群、幼兔群等，每群15～20只，密度掌握在每平方米2～3只。有的地方不按照性别、年龄分群，而是混群饲养是很不科学的，生产上不便于管理，经济上也会受到一定的损失，应加以改进。3月龄以后的幼兔和留种的青年兔，随着年龄和体形的增大，应由群养逐渐改为笼养，每笼3～4只逐步改为1～2只（图7-1，彩图）。

图7-1　兔舍内一角（分群饲养）

室外运动能促进家兔新陈代谢，增进食欲，增强抗病能力，减少母兔空怀和死胎，提高产仔率和仔兔的成活率。栅养或放养家兔一般不会缺少运动，而笼养家兔因活动面积较小，容易引起运动不足。为增强家兔体质，应适当增加运动，最好在兔舍周围设几个面积为15～20m^2的砂质或水泥场地，四周建有1m高的围栏，每周放出运动1～2次，每次让其自由活动1～2h。放出运动时，公、母兔要分开，以免混交滥配。对斗殴的家兔应及时捉出，以防致伤。运动结束后应按原号归笼，不要放错笼位。成年公兔要单独运动，以防相互咬伤，特别是咬坏睾丸，失去配种能力。

（七）注意观察，防治疾病

与其他家畜相比，家兔的抗病能力较弱，一旦发病，如果不能及时发现和治疗，则往往造成大批死亡。因此，饲养人员应加强对家兔群的观察工作，要每天早晚各观察 1 次。仔细观察家兔的精神状态好坏，食欲强弱变化情况，活动情况，呼吸情况以及粪便的形态和多少，鼻孔周围有无分泌物，被毛是否有光泽等，以便及时发现问题，做到无病早防，有病早治。发现病兔，及时进行治疗。霉变的饲料、潮湿的环境、各种应激因素（惊吓、追捕、转群、拥挤、饲料更换、温度变化、湿度变化等）都可能导致家兔发病。还要严格消毒制度，严格遵守防疫规则，以杜绝各种传染病的发生和蔓延（图 7-2、图 7-3）。

图 7-2　兔舍地面喷雾器消毒

图 7-3　家兔运输车辆的消毒

（八）少给勤添，根据情况喂料

家兔每天采食的食物量较多，而每次采食的时间又很短。根据家兔的这种采食习性，在饲喂时要做到少给勤添，不要一次性添草、料过多。家兔一般夜间的采食量大于白天，所以晚上一定要添足饲草，供其采食。

（九）供给充足的饮水

家兔日需水量较大，尤其是夜间饮水较多，即使供给一定量的青饲料，仍然需要供给饮水。家兔的需水量一般为采食干料量的 2～3 倍。在饲喂中小型兔时，每天每只需水 300～400ml，大型兔则为 400～500ml。理想的饮水方法是通过自动饮水器饮水，用敞开式饮水器饮水，需每日把水槽、水盆等清洗干净。

三、各类兔的饲养管理

家兔因生理发育阶段和生产任务的不同，对外界环境和饲养管理条件的要求也各有差异。因此，在饲养管理工作中，除了应遵守家兔饲养管理的一般原则外，还应针对各类家兔的特点进行饲养管理。

（一）种公兔的饲养管理

对种公兔饲养的目的是使其发育良好，体格健壮，性欲旺盛，精液品质优良。种公兔饲养管理的好坏，直接影响母兔的受胎率、产仔数以及仔兔的生活力。家兔的繁殖虽然没有明显的季节性，但由于受到气候条件和饲养条件的影响，配种也有旺季和淡季之分。在自然条件下春季和秋季集中繁殖配种，是繁殖的旺季，夏季和冬季会减少甚至停止繁殖，是繁殖的淡季。在淡季种公兔需要恢复体力，保持适当的膘情，不能过肥或过瘦，日粮以青绿饲料为主，补充少量的精料，采取单笼饲养，每周运动 2 次，每次 1～2h。在繁殖旺季，种公兔除了自身的营养外，还要负担配种任务。公兔的配种能力的强弱与精液品质、质量密切相关，而精液品质又受到日粮营养水平的影响。此时，能量水平不能过高或过低，蛋白质水平不低于15％，考虑氨基酸的平衡问题，饲料中应适量添加维生素 A、维生素 E 和 B 族维生素，日粮中应保持充足的矿物质元素，尤其是钙、磷。

1. 营养与饲料

种公兔的饲养水平高低会直接影响到配种和精液品质。因此，在饲养上要注意营养的全面性和长期性，特别是蛋白质、无机盐、维生素等营养物质，对保证精液数量和品质有着重要作用。

（1）蛋白质与公兔的繁殖 据试验，长期饲喂低蛋白质日粮，饲料中缺乏必需氨基酸如色氨酸、胱氨酸、组氨酸、精氨酸等，会引起精液品质和数量下降。不仅制造精液需要蛋白质，而且在性机能活动中，诸如激素、各种腺体的分泌物以及生殖系统的各种器官也随时需要蛋白质加以修补和滋养。实践证明，对精液品质不佳的种公兔，如每天补喂浸泡过的黄豆20粒或豆饼、蚕蛹及豆科饲料中的紫云英、苜蓿等，就能显著提高精液的品质和配种的受胎率。

（2）维生素与公兔的繁殖 维生素与种公兔的配种能力和精液品质也有着密切关系。青饲料中含有丰富的维生素，所以一般不会缺乏，但冬季青绿饲料少，或常年饲喂颗粒饲料而不喂青饲料时，容易出现维生素缺乏症。特别是缺乏维生素 A 时，会引起公兔睾丸精细管上皮变性，精子数减少，畸形精子数增加。如能及时补喂青草、菜叶、胡萝卜、大麦芽或多种维生素就可得到纠正。

（3）无机盐与公兔的繁殖 无机盐对公兔的精液品质也有明显影响，特别是钙，也是制造精液所必需的。如果日粮中缺钙，则精子发育不全，活力降低。日粮中有精料供应时，一般不会缺磷，但要注意钙的补充，钙磷比例要合理，应为（1.5～2）：1。如果精料中能经常供给2%～3%的骨粉、蛋壳粉或贝壳粉，就不会引起钙、磷缺乏症。

对种公兔的饲养，除应注意营养的全面性之外，还应着眼于营养的长期性。因为精细胞的发育过程需要一个较长的时间，实践证明，饲料变动对精液品质的影响很缓慢，对精液品质不佳的公兔用优质饲料来提高精液品质时，要长达20天左右才能见效。因此，对一个时期集中使用的种公兔，在配种前20天左右就应调整日粮，以达到营养价值高、营养物质全面、适口性好的要求。

2. 运动与管理

3月龄以上的公、母兔要分开饲养，以防滥交早配。未到配种年龄的公兔不能用来配种，以免影响发育，造成早衰。种公兔宜1笼1兔，配种时应将母兔放入公兔笼内，切忌将公兔放入母兔笼内。种公兔的配种次数，一般以每天1～2次为宜，连续配种2天应休息1天。如果连续使用，则会出现瘦弱，精液品质下降，影响配种效果及使用年限。换毛期间的公兔不宜配种，因为换毛期间，消耗营养较多，体质较差，如果配种，则会影响公兔健康和母兔受胎率。另外，在配种期还要加强对公兔的健康检查，发现有食欲不振、粪便异常、精神萎靡症状，应立即停止配种，采取防治措施。要定期检查生殖器，如有炎症或其他疾病时，应及时治疗。

① 单笼饲养，尽量让种公兔距离母兔远一些。

② 加强运动，每周至少运动2次，每次1h左右。

③ 适当晒太阳。

④ 配种次数的控制，壮年兔每天配2～3次，连续配种2～3天停1天。体质一般的公兔，可以配种1次，休息1天。

⑤ 公兔的体膘要适度，不要过肥或过瘦，可以用喂料的多少进行控制。

3. 购入种兔后的注意事项

（1） 第1天

① 消毒。用消毒液在种兔活动范围内彻底消毒。场地、笼子都要喷洒周到。

② 每个笼舍中种兔数量要求。种兔每笼1只，禁放2只。待种兔在笼中休息3～4h才可适当饮水。饮水要用应激药水，如电解多维等，以便减少应激反应。应激药水要按比例配兑。

③ 饲喂要求。适量喂一些饲料，尽量少添，第1次不超过50g，每天2次饲喂，适量添加一些青草、野菜。

（2）第2天

① 饲料要逐渐添加。早晨观察兔子的粪便，正常兔的粪便大小与玉米粒差不多，颜色为米黄色。如果带有黏液，呈现白色属于应激反应，应适当喂药。

② 注意观察种兔的状态。如果兔子精神不振，始终不吃不喝，可放在地上运动1～2h，喂一些青草。

（3）第3天 饲料逐渐增加，如果发现2天以来，不吃食、不喝水的，可以灌10ml蜂蜜或者5ml植物油，再放出来运动一下，喂些青草。

（4）第4天 饲料逐渐增加，如果发现家兔的粪便太小、太硬，可以喂些青饲料，喂2片大黄苏打片。

（5）第5天 正常饲喂，早晨起床后料槽可填满，让其自由采食，应激药水可以停用，饮新鲜井水即可。上午、下午均可添草，晚上日落后可填满饲料，不要断水，水槽中永远有干净新鲜的井水。

还要注意，在购入种兔15天之内，不要急着配种，因为应激反应的期限没有过，即使配上妊娠，幼兔也会生长发育不好。

4. 种公兔的选择和利用

种公兔的繁殖能力对家兔的养殖影响也很大，公兔的配种能力主要取决于性欲的强弱和精液品质的好坏。要提高公兔的配种能力，必须做好以下工作。

第一，选择健壮的公兔留种。要选取那些性欲强、生殖器官发育良好的、睾丸大而匀称的、精子活力好、密度大的公兔留作种用，及时淘汰单睾、隐睾或生殖器官有疾病的公兔。

第二，选择遗传力稳定的公兔留种。在鉴定公兔时，除了对公兔本身的繁殖性能进行鉴定外，还要根据种兔的卡片，评定三代以内的繁殖性能。如果多次配种不孕或累计受孕率低于50％的公兔不宜留种。

第三，合理安排配种次数，做到合理使用。一般壮年公兔每天可配种 2～3 次，青年公兔 1～2 次，但连续配 2～3 天后应休息 1 天。种公兔的使用年限应为 3～4 年，每年必须选留 1/3 以上的后备兔。整个公兔群应以青年、壮年兔为主。

第四，要供给全价饲料。要保持种公兔的良好体况，必须供给全价营养，特别是蛋白质、矿物质和维生素等。在配种季节来临前 15～20 天就应调整日粮。逐渐增加蛋白质饲料和矿物质饲料、维生素的供应。

第五，应尽量避免近亲繁殖。在家兔生产中切忌近亲交配，近亲繁殖容易产生死胎、畸形仔兔和后代生活力降低等问题，兔场应严格建立种兔档案制度，即使是商品兔养殖户也应做好配种繁殖记录，定期更新种公兔。

5. 种公兔对环境和年龄方面的要求

第一是温度。环境温度对种公兔的繁殖性能影响比较明显。实践证明，外界气温超过 30℃时，就可使种公兔性欲减退；持续高温时，会使睾丸体积相对减少，产生精子能力减弱，畸形精子增加。低温对家兔繁殖力也有一定影响，当环境温度低于 5℃时，公兔性欲减退，同样母兔不能正常发情，故我国北方寒冷地区，冬季多停止配种繁殖。

第二是营养因素。生产实践表明，对种公兔进行高营养水平饲养易引起公兔过肥，造成脂肪沉积。也会影响到母兔卵泡的发育和排卵，还会影响公兔睾丸中精子的生成。当然，营养水平过低或营养不全也对繁殖力也有明显影响，会导致性欲减退，受胎率下降，产仔数减少。

第三是种兔的利用年龄。实践证明，家兔的最佳繁殖年龄为1～3岁。1岁之前，无论公兔还是母兔虽已达到繁殖年龄，但尚未完全达到生理成熟，受胎率较低，每胎产仔数较少。3岁之后，公、母兔则已经进入老年期，营养不良，性欲减退，宜逐步淘汰更新。

（二）种母兔的饲养管理

种母兔是家兔群的基础。因为种母兔除了本身的生长发育和维持自身的生命活动外，还担负着繁育和哺乳仔兔的任务，母兔体质的好坏又直接关系到后代的生活力和生产性能。所以，种母兔的饲养管理，在养兔生产中极为重要。根据母兔的生理状况，种母兔的饲养管理包括空怀期母兔的饲养管理、妊娠期母兔的饲养管理和哺乳期母兔的饲养管理。

1. 空怀期母兔的饲养管理

所谓母兔空怀期就是指仔兔断奶到再次配种妊娠的一段时期，又称休闲期。

（1）空怀期母兔的生理特点　空怀期母兔由于在哺乳期消耗了大量养分，身体比较瘦弱，所以，需要各种营养物质来补偿，以提高其健康水平。休闲期一般为10～15天。如果采用频密繁殖法（仔兔断奶前配种——血配）则没有休闲期，因为仔兔断奶前配种，断奶后就已经进入妊娠期。

（2）**空怀期母兔的营养** 空怀期母兔的饲料营养要全面，在青草丰盛季节，只要有充足的优质青绿饲料和少量精料就能满足营养需要。在青绿饲料枯老季节，应补喂胡萝卜等多汁饲料，也可适当补喂精料。空怀期母兔应保持七八成膘的适当肥度，过肥或过瘦的母兔都会影响发情、配种。要调整日粮中蛋白质和碳水化合物含量的比例，对过瘦的母兔应增加精料喂量，迅速恢复体膘；过肥的母兔要减少精料喂量，并适当增加运动。

（3）**空怀期母兔的管理** 对空怀期母兔的管理应做到兔舍内空气流通，兔笼及兔体要保持清洁卫生，对长期照不到光照的兔子要调换到光线充足的笼内，以促进机体的新陈代谢，保持母兔性机能的正常活动，恢复机体的内部平衡。对长期不发情的母兔可采用异性诱导法或人工催情。

对于仔兔断奶后体质瘦弱的母兔，应适当延长休闲期。不要一味追求繁殖的胎数，否则将影响母兔健康，使繁殖力下降，也会缩短优良母兔的利用年限。

2. 妊娠期母兔的饲养管理

母兔妊娠期就是指配种妊娠到分娩的这一段时期。母兔的妊娠期一般是29～32天。此期母兔的代谢旺盛，需消耗大量的营养物质。母兔在妊娠期间所需的营养物质，除维持本身需要外，还要满足胚胎、乳腺发育和子宫增长的需要。所以，需消耗大量的营养物质。

据测定，体重3kg的母兔，胎儿在快出生时，胎儿和胎盘的总重量可达650g以上。其中，干物质为16.5%，蛋白质为10.5%，脂肪为4.5%，无机盐为2%。21日胎龄时，胎儿体内的蛋白质含量为8.5%，27日胎龄时蛋白质含量为10.2%，初生时蛋白质含量为12.6%。与此同时，妊娠母兔体内的代谢速度也随胚胎发育而增强。

（1）妊娠母兔的饲养 笔者的观点是，受孕初期，也就是配种后第1周要限制饲喂量，这样有利于胚胎着床，因为胚胎对于母体来说在一定程度上是一种“寄生异物”，饲养条件过高，免疫能力很强，不利于胚胎着床，而限制饲喂，使机体处于一种营养不满足状态，机体的“排异”能力下降，反而有利于胚胎着床数的提高。

妊娠母兔在饲养上主要是供给母兔全价营养物质。但是，妊娠母兔如果营养供给过多使母兔过度肥胖，也会带来不良影响，主要表现为胎儿的着床数和产后泌乳量减少。要根据胎儿的生长发育规律，采取不同的饲养水平。妊娠前期（胚期和胚前期）因母体器官和胎儿的增长速度很慢，需要营养物质不多，饲养水平稍高于空怀期母兔即可。妊娠后期因胎儿的增长速度很快，需要营养物质也很多，饲养水平应比空怀期母兔高1～1.5倍。据试验，在配种后第9天观察受精卵的着床数，结果高营养水平饲养的德系长毛兔胚胎死亡率为44%，而正常营养水平饲养的胚胎死亡率只有18%。所以，一般妊娠母兔在自由采食颗粒饲料的情况下，每天喂量应控制在150～180g；在自由采食基础饲料（青、粗料），补加混合精料的情况下，每天补加的混合精料应控制在100～120g。

妊娠母兔所需要的营养物质以蛋白质、无机盐和维生素最重要。蛋白质是组成胎儿的重要营养成分，无机盐中的钙和磷是胎儿骨骼生长所必需的物质。如果饲料中蛋白质含量不足，则会引起死胎增多、仔兔初生重降低、生活力减弱。无机盐缺乏会使仔兔体质瘦弱，容易死亡。所以，保持母兔妊娠期，特别是妊娠后期的适当营养水平，对增进母体健康，提高泌乳量，促进胎儿和仔兔生长发育具有重要作用。

（2）妊娠母兔的管理 妊娠母兔的管理工作，主要是做好护理，防止流产。母兔流产一般在妊娠后 15～25 天发生。引起流产的原因可分为机械性、营养性和疾病等。机械性流产多因捕捉、惊吓、不正确的摸胎、挤压等引起。营养性流产多数由于营养不全，突然改变饲料种类，或因饲喂发霉变质、冰冻饲料等引起。引起流产的疾病也很多，如巴氏杆菌病、沙门杆菌病、密螺旋体病以及生殖器官疾病等。为了杜绝流产的发生，母兔妊娠后要 1 兔 1 笼，防止挤压；不要无故捕捉；摸胎时动作要轻；饲料要清洁、新鲜；发现有病母兔应查明原因，及时治疗。

管理妊娠母兔还需做好产前准备工作，一般在临产前 3～4 天就要准备好产仔箱，清洗消毒后在箱底铺上一层干燥柔软的稻草。临产前 1～2 天应将产仔箱放入笼内，供母兔拉毛筑巢。产房要由经验丰富的专人负责，冬季室内要防寒保温，夏季要防暑防蚊。这样母兔就可以安全生产了。

3. 哺乳期母兔的饲养管理

哺乳期是指母兔自分娩到仔兔断奶这段时期，一般为28～45 天。母兔哺乳期间是负担最重的时期，饲养管理的好坏对母兔、仔兔的健康都有很大影响，由于仔兔从出生到 16 日龄的营养全部来自于母乳。所以，母乳质量的好坏、母乳量的多少，直接关系到仔兔的生长，母兔泌乳量越多，仔兔就生长越好，发育越快，存活率越高。因此，此阶段饲养管理的重点是保证母兔健康，提高泌乳量，保证仔兔正常发育，成活率高。

母兔在哺乳期，每天可分泌乳汁 60～150ml，高产母兔可达 200～300ml，兔乳除乳糖含量较低外，蛋白质和脂肪含量比牛奶、羊奶高 3 倍多，无机盐含量高 2 倍左右，所以家兔乳汁的营养非常丰富。据测定，母兔产后泌乳量逐渐增加，产后 3 周左右达到泌乳高峰期，之后，泌乳量又逐渐下降。

（1）哺乳母兔的饲养 在饲养上应注意，饲养哺乳母兔必须喂给容易消化和营养丰富的饲料，保证供给足够的蛋白质、无机盐和维生素。

哺乳母兔为了维持生命活动和分泌乳汁，每天都要消耗大量的营养物质，而这些营养物质又必须从饲料中获得。如果泌乳量正常，则自由采食的方法不变，可以适当添加青草；如果泌乳量不足，可以喂一些催乳的东西，如煮熟的黄豆、花生米等，然后喂些青绿多汁的饲料。但是，要注意在母兔分娩后5天时间内，日粮中精料量不宜太多，否则会引起消化不良，母兔易患肠毒血症和乳腺炎。

如果喂给的饲料不能满足哺乳母兔的营养需要，哺乳母兔就会动用体内储存的大量营养物质，从而降低母兔体重，损害母兔健康和影响母兔产奶量，还会影响到下次配种。所以，饲喂哺乳母兔的饲料一定要清洁、新鲜，同时应适当补加一些精饲料和无机盐饲料，如豆饼、麸皮、豆腐渣以及食盐、骨粉等，每天要保证充足的饮水，以满足哺乳母兔对水分的要求。为了预防母兔乳腺炎和仔兔黄尿病，分娩后给母兔喂服一些抗生素。

哺乳母兔饲养的好坏，一般可根据仔兔粪便情况进行辨别。如产仔箱内保持清洁干燥，很少有仔兔粪尿，而且仔兔吃得很饱，说明饲养较好，哺乳正常。如果仔兔尿液过多，说明母兔饲料中含水量过高；粪便过于干燥，则表明母兔饮水不足。如果饲喂发霉变质饲料还会引起仔兔下痢和消化不良。

有的兔场采用母兔与仔兔分开饲养，定时哺乳的方法，即平时将仔兔从母兔笼中取出，安置在适当的安静的地方，哺乳时将仔兔送回母兔笼内。分娩初期可每天哺乳2次，每次10～15min，20日龄后可每天哺乳1次。

这种饲养方法的优点是可以了解母兔泌乳情况，减少仔兔吊奶受冻；随时掌握母兔发情，做到及时配种；避免母仔抢食，增强母兔体质；减少球虫病的感染机会；培养仔兔独立生活能力。但是，此种方法比较费时、费事、费工。

（2）哺乳母兔的管理 哺乳母兔的管理工作主要是保持兔舍、兔笼的清洁干燥，应每天清扫兔笼，洗刷饲具和尿粪板，并要定时进行消毒。另外，要经常检查母兔的乳头、乳房，了解母兔的泌乳情况，如发现乳房有硬块，乳头有红肿、破伤情况，要及时治疗。

（三）仔兔的饲养管理

从出生到断奶这一时期的小兔称为仔兔。仔兔出生后脱离了母体的保护，环境发生了巨大变化，缺乏对外界环境的调节能力，适应性差，抗病力低，管理不善易得病且治疗也较为困难。

对仔兔的饲养管理又可分为睡眠期（未开眼期）和开眼期的饲养管理两个阶段。睡眠期（未开眼期）是指出生到12日龄左右的仔兔，这一时期除了吃奶外，全部时间都是在睡觉。开眼期是指12日龄左右到断奶的仔兔。由于此时仔兔机体生长发育尚未完全，抵抗外界环境的调节机能较差，护理工作必须抓好。故这两个时期是仔兔生长发育中的重要阶段。

1. 仔兔的生理特点

初生仔兔体表无毛，无调节体温的能力，往往随外界环境的变化而变化，一般在产后10天左右才开始恒定体温。所以，冬季气候寒冷，兔舍温度较低，容易冻死仔兔，因此初生仔兔窝温度应达到30～32℃。初生仔兔的视觉和听觉还未发育完善，所以眼睛是闭合的，耳孔是封闭的，一般在生后8天耳孔张开，12天睁开眼睛。仔兔的生长发育很快，生下后就会吃奶，母兔最初1～3天分泌的乳汁称为初乳，含有丰富的营养，并能起到帮助仔兔排泄胎粪的轻泻作用。初乳中还含有酶和抗体，对初生仔兔的生长发育和增强抵抗力是不可缺少的。

2. 睡眠期仔兔的护理

仔兔在这个时期，除吃奶外都是睡觉。母兔每天只喂2～3次奶，每次10min左右。所以每天要检查仔兔是否吃饱了奶。吃饱了奶的仔兔，皮肤红润而有光泽，肚子圆滚（因为刚出生的仔兔身上没有毛）。如果仔兔不安，头向上窜，有时发出“吱吱”的叫声，腹部瘪或腹围小，皮肤色暗无光，并有较多皱褶，说明仔兔没吃饱奶。对于吃不饱的仔兔可采取寄养或人工哺乳的办法。

（1）检查仔兔是否吃到了初乳 母兔在产后6h应给仔兔喂完第1次奶，要及时检查仔兔是否都吃到了初乳，是否吃饱。如果没有吃饱必须人工辅助吃到初乳。仔兔出生的第2天早晨太阳出来以后，先让母兔给仔兔喂奶，然后再给母兔喂料。

（2）做好保温防寒 可以采取母仔分离法，把仔兔放到安全温暖的地方，吃奶时再拿到母兔身边。大约15min再检查吃奶状况，若都已经吃饱，就可以将仔兔拿出。为仔兔创造温暖、舒适、安全的环境，产箱要多垫草。

（3）精心饲养哺乳母兔

① 检查产仔箱的状况。如果发现仔兔尿湿，食后不久肚子就瘪了，说明母兔的奶水过稀，应让母兔少吃青料，多吃精饲料，如果产箱温度过低，也可引起尿湿，要仔细鉴别。

② 观察仔兔吃奶后的状况。如果仔兔吃奶前，仔兔肚子内的奶仍清晰可见，说明奶水过稠，应增加青料。

③ 仔兔黄尿和黄粪的预防。如果见到仔兔黄尿或黄粪即

可口服庆大霉素3～5滴，可以用去掉针头的注射器向仔兔的口内滴注。

④ 观察仔兔吃奶。看是否吃饱，就看仔兔的肚子是否圆滚。

⑤ 防止吊奶。吊奶就是母兔突然离窝，将正在吃奶的小兔带到窝外。这样很可能造成仔兔冻死或饿死，必须注意预防。

⑥ 人工辅助哺乳。对于体质弱的仔兔要人工喂养，用手把着喂。人工哺乳的工具可用注射器或眼药水瓶，嘴上接一小段气门芯管制成。喂的温度应掌握在滴到手背上感到舒服为止（37～38℃）。

如果仔兔出生后母兔死亡，无奶或患有乳房疾病不能哺乳又无适当母兔寄养时，可采用人工哺乳法。人工哺乳的速度要慢。人工哺乳可用牛奶、鲜羊奶或炼乳代替。

另外，有条件的地方还有其他做法。如初生5天内，用200mL鲜牛奶、3mL鱼肝油、2g食盐、1枚鸡蛋调匀喂服，这种配方奶的营养价值很高。饲喂前牛奶要煮沸消毒，然后冷却到37～38℃，用玻璃胶头滴管、注射器或塑料眼药水瓶，让仔兔自由吮吸。5天以后，用牛奶或羊奶、豆浆等喂服；10日龄左右，用50mL炼乳冲开水50mL、1汤匙玉米糖浆、1个蛋黄混合后喂给。

⑦ 母兔食仔兔的原因以及应采取的对策。原因主要有母兔口渴或受到惊吓。所以在母兔分娩时，应保证供给充足的饮水；保证环境安静，不要惊吓它，这样可以使80%以上的母兔不食仔兔。

（4）强制哺乳 有些母兔护仔性不强，尤其是初产母兔，产仔后不给仔兔哺乳，使仔兔缺奶挨饿，如不及时处理，就会引起仔兔死亡。在这种情况下，可采取强制哺乳措施。方法是将母兔固定在巢箱内，使其保持安静，将仔兔安置在母兔乳头旁，让其自由吮乳，每日强制4～5次，3～5日后，母兔便会自动让仔兔吃奶了。

（5）**寄养仔兔** 在生产实践中经常出现有些母兔产仔数多，有些母兔产仔数少，为此，要做好仔兔的调整寄养工作，给无乳的找保姆。比如，一般泌乳正常的长毛兔可哺乳仔兔4～5只，其他类型的母兔可哺乳仔兔6～8只。寄养的方法是先将仔兔从巢箱内取出，按体形大小、体质强弱分窝，然后在需要寄养的仔兔身上涂上数滴母兔的乳汁或尿液，以扰乱其嗅觉，防止母兔咬伤或咬死仔兔，并注意观察母兔哺乳情况。

（6）**防止鼠害** 仔兔初生后4～5天最易遭受鼠害。有时会发生全窝仔兔被老鼠咬食的现象，应特别注意将兔笼兔窝严密封闭，勿使老鼠进入。在无法堵塞笼、窝的漏洞的情况下，可将巢箱统一编号，晚间集中防护，日间送回原笼，定时哺乳。

3．开眼期（12日龄左右至断奶）仔兔的护理

仔兔生后12日龄左右开眼，从开眼到断奶，这段时间称为开眼期。仔兔开眼早晚与发育很有关系，发育良好的开眼早。如果兔眼被眼屎粘住，可用药棉蘸水，慢慢浸透洗去。这个时期的仔兔要经历一个从吃奶转变到吃植物性饲料的变化过程，如果转变太突然，常常会造成死亡。所以，这一时期的饲养重点应放在仔兔的补料和断奶上。

仔兔开眼后，不仅会在巢箱内跑来跑去，还能跳出巢外。开眼后仔兔要经历出巢、补料和断奶等阶段，这也是养好仔兔的关键环节。应该说对仔兔的管理要细心，尤其对于初产母兔要注意勤观察，就可以提高仔兔的成活率。

（1）**抓好补料关** 仔兔开眼后，由于生长发育很快，母

乳往往不能满足仔兔食用，此时必须开始添加饲料。肉用兔、皮用兔一般在16日龄，毛用兔在18日龄即开始补料，喂给少量容易消化而又营养丰富的饲料，如豆浆、牛奶或米汤和剪碎的嫩青草、牧草、野菜、菜叶等，可以任其自由采食，然后逐渐过渡到以奶为辅，以料为主。20日龄后可加喂麦片或豆渣和少量木炭粉、无机盐、洋葱、大蒜等消炎、杀菌、健胃类物质，以增强体质，减少疾病。

仔兔胃小，消化能力弱，但生长发育很快，因此开始补料时应少喂多餐，最好每天5～6次，到30日龄后可逐渐变为以饲料为主，母乳为辅，直到断奶。

仔兔开食后最好与母兔分笼饲养，每天哺乳1次，这样可使仔兔采食均匀，安静休息，减少接触母兔粪便的机会，以防感染球虫病。

（2）注意饲料的品质 要防止饲料受潮变质，同时搞好环境卫生。

（3）母仔分离饲养 母仔分离饲养就是从仔兔出生就与母兔分离饲养的方法，这样可以确保母兔安静休息。

（4）仔兔的运动 让仔兔进行适当的运动，有助于仔兔生长。

（5）适时断奶 仔兔断奶要做到“三不变”，即环境不变、饲料不变、管理不变。一般多以28～30日龄断奶为宜。

（6）断奶期的疾病防治 重点防止腹泻、球虫，预防呼吸系统疾病。

① 防腹泻。尽量分笼饲养，不喂变质饲料，及时进行驱虫。

② 预防球虫。断奶后按比例喂应激药和防球虫药。

③ 驱除体外寄生虫。幼兔30日龄时，注射驱虫针，种兔季节性定期驱虫。

④ 预防呼吸系统疾病。兔舍要定期通风、消毒。到 60 日龄时，要接种兔瘟-巴氏杆菌二联苗，发病要及时治疗。

（7）抓好断奶关 仔兔断奶时间，目前很不一致，有的在 21～24 日龄断奶，有的在 28～30 日龄断奶，有的在40～45 日龄断奶。断奶时间的早晚，应根据饲养水平、繁殖制度和仔兔发育情况而定。饲养水平高，仔兔发育好的可早些断奶，肉用兔、商品兔可较毛用兔、种用兔早些断奶。据试验，仔兔在 4 周龄、6 周龄、8 周龄时断奶对以后幼兔的增重、饲料利用率和经济效益无明显影响，关键是搞好断奶幼兔的饲养管理。所以，如果对断奶兔能做到饲养得当，管理周到，适当提早断奶，能使母兔恢复体况和缩短产仔间隔时间，对家庭养兔极为有利。

断奶方式有两种，即一次性断奶和分批断奶。

① 一次性断奶。一次性断奶即全窝仔兔与母兔一次分开，一般养殖户多采用一次性断奶。

② 分批断奶。分批断奶就是先把发育好的仔兔与母兔隔离，留下发育差的仔兔再哺乳一段时间后再隔离。

不论采用哪一种断奶方法，都应注意把母兔从原来兔笼中取出隔离，让仔兔留在原笼中饲养一段时间，以避免环境骤变，对仔兔发生不利的应激反应。

4．影响仔兔成活率的因素及提高仔兔成活率的措施

仔兔成活率的高低与母兔妊娠后期的营养状况、分娩后泌乳情况，以及整个发育过程的饲养管理密切相关，应根据具体环节采取相应的措施。

（1）母兔妊娠后期的营养状况 仔兔成活率的高低与初生重呈正相关，而初生仔兔的 90%是在妊娠后期增长的。因此，保持妊娠后期母兔的营养，是保证仔兔正常生长，提高初

生重的关键。

（2）母兔产前的准备工作 母兔产前准备工作的好坏，维系着母兔和仔兔的后续生活。产仔箱干燥、卫生，垫草柔软，可以使仔兔受到环境因素的影响降到最低限度；生产环境安静、舒适，可以使母兔免受刺激，避免将仔兔产于箱外；产后及时供给饮水和一些适口的饲料，可避免口渴而食仔兔，减少仔兔不必要的损失。

（3）吃好初乳 初乳是母兔产后1～3天分泌的乳汁，与常乳相比营养更丰富，含有较多的蛋白质、维生素、矿物质。其含有的镁盐可以促进仔兔胃肠蠕动，排出胎粪。虽然仔兔的某些抗体是通过胎盘而先天获得的，不依赖初乳，但及时吃好初乳，对于提高仔兔抵抗力和成活率至关重要，应在仔兔出生后6h之内检查是否吃到初乳。如果没有吃到，应查明原因，采取措施。

（4）调整仔兔 为了保证仔兔均衡发育，除了对仔兔进行寄养外，还可以采用弃仔、一分为二和人工哺乳等技术措施。

弃仔就是在母兔产仔较多，又找不到合适的保姆时，应主动弃掉一些仔兔，将那些发育不良、体质弱的仔兔丢弃。此项措施应及早进行。一分为二就是在产仔多，而又找不到合适的保姆兔，而母兔的体质健壮，泌乳力很强时所采取的方法，即将仔兔按照体重大小分为两部分，分开哺乳。早上乳汁多，给体重小的仔兔哺乳，晚上乳汁少，给体重大的仔兔哺乳。此期间，要给母兔增加营养，仔兔应及早补饲。对产仔过多、患乳腺炎或产后母兔死亡又找不到保姆兔者，可进行人工哺乳。人工哺乳费时费力，仅限于饲养规模较小的家庭兔场，具体方法是用5～10mL的玻璃注射器或眼药水瓶，出口处安一段1.5～2.0cm的自行车气门芯，在眼药瓶后端扎一个进气孔，即成为仔兔的哺乳器。用前煮沸消毒，用后及时冲洗干净。哺乳时要注意乳汁的温度、浓度和给量。如果给予鲜牛奶、羊奶，开始时可加入1～1.5倍的水，1周后混入1/3的水，半个月后可喂全奶。乳汁的温度应掌握在夏季35～37℃、冬季38～39℃。乳汁的浓度视仔兔粪尿而定。如果仔兔尿多，窝内潮湿，说明乳汁太稀薄；如果尿少，粪便油黑色，说明乳汁太稠，要做适当调整。饲喂时要将哺乳器放平，使仔兔吮吸均匀，每次喂量以吃饱为限，日喂2次为宜。

（5）防寒防暑 因为仔兔调节体温的能力不健全，冬季容易受冻而死，所以保温防冻是寒冷季节出生7日龄内仔兔的管理要点。保温的方法一般是产仔箱放置干燥松软的垫草或铺盖兔毛，垫草整理成浅碗底状，中间低四周高，便于仔兔之间相互靠拢增加御寒能力。家庭养兔可将产仔箱放到热炕头，使母仔分开，并按时把母兔放入进行哺乳。仔兔开眼前要防止吊奶。如果仔兔掉在或产在产仔箱外应及时捡回。冻僵但未冻死的仔兔可以进行急救，方法是用热水袋包住仔兔，或将仔兔放入42℃左右的温水中浸泡（头部露在外面），恢复体温，当皮肤由紫色变为红色，四肢频频活动时取出，用软毛巾擦干放回原窝。

夏季天气炎热，阴雨潮湿，蚊蝇猖獗。仔兔出生后裸体无毛，容易被蚊虫叮咬，此时应将产仔箱放在安全的地方，外面罩上纱罩，按时放入母兔进行哺乳，并进行通风降温处理。

（6）预防鼠害 仔兔出生1周内很容易遭受鼠害，严重时死亡率可高达70%～80%，甚至全窝都损失。所以，消灭老鼠是兔场及养兔户的一项重要工作。

（7）预防疾病 出生1周内的仔兔易患黄尿病，患黄尿病的主要原因是仔兔吮吸了患有乳腺炎母兔的乳汁。患病仔兔粪便稀薄如水，呈现黄色，污染后躯，身体瘫痪如泥，窝内潮湿腥臭，严重时全窝死亡。处理方法是发现母兔有乳腺炎时，立即停止哺乳仔兔，对患病的仔兔及时救治，可以口滴入庆大霉素眼药水，每次2～3滴，每天2～3次。

（8）及早补饲 仔兔出生后16天左右开始寻找食物，这时应及早补饲。补饲一开始可在产仔箱内进行，也可在补料槽内放入粉料。补饲一般是营养价值高的嫩草等新鲜嫩绿饲料，营养要全面，适口性要好，容易消化。一般是每天4～5次，每日每只喂量由4～5g逐渐增加到20～30g，补料后应及时拿走食槽以防仔兔在里面撒尿。

（9）适时断奶 仔兔断奶的时间，可因体况、体重等不同进行调整；种兔、发育较差的仔兔或在寒冷季节，可适当延长哺乳期；商品兔、条件较好的兔场以及有血配计划时，断奶时间可适当缩短，但不能短于28天。一般情况下断奶时间为35～42天。断奶的方法一般是将母兔移走，让仔兔留在原笼舍内饲养一段时间，做到饲料、环境、管理三不变，做到“断奶不离窝”，然后再移到幼兔舍，以减少环境变化和断奶所造成的应激反应，影响仔兔的生长。

（四）幼兔的饲养管理

仔兔断奶后到3个月（90日龄）的小兔称为幼兔，这个阶段的兔生长发育快，消化机能和神经调节机能还不足够健全，抗病力差，再加上断奶和第1次年龄换毛的应激，给幼兔的饲养管理提出了更高的要求。这一时期特别要注意保护，否则发育不良，易患病死亡。

1. 幼兔的生理特点

幼兔由于刚刚断奶，正是由哺乳过渡到完全自己采食饲料时期，同时又正值第1次年龄性换毛和长肌肉、长骨骼阶段，所以是家兔一生中比较难养的时期，如果饲养管理不当，不仅会降低成活率和生长速度，而且会影响到兔群品质的提高和良种特性的体现。

幼兔由于胃内存在抗菌物质，因此消化道中不能形成正常的微生物菌群，可能是引起幼兔消化道紊乱和腹泻的主要原因。幼兔阶段是生长速度较快的时期，需要大量营养物质，必须采食大量饲料才能满足需要。但是，其消化器官不适应消化大量饲料，尤其对粗纤维的消化率很低。因此，容易出现营养缺乏，或吃食过多引起伤食，出现消化机能障碍和疾病。

2. 幼兔的饲养

饲喂的饲料要清洁新鲜，富于营养。饲养幼兔应选择体积小、易消化、营养水平高的饲料。带泥的青草一定要洗净晾干后再喂。如果饲喂不当、营养缺乏或吃食过多，会使胃肠负担过重，引起消化不良、腹泻、肠炎等疾病。一般以每天 2 顿精料、3 顿青料为宜，而且间隔饲喂为好，还要加喂矿物质饲料、少量鱼粉、豆饼等，饲喂量应随年龄增长而增加。不宜突然增减或改变饲料品种。对体弱的幼兔可补喂牛奶、豆浆、米汤、维生素和鱼粉等。

饮水要充足，夏季饮凉水，冬季饮温水，加少量食盐。夏季饲料以青草为主，兼喂麦麸、玉米、高粱等精饲料。青饲料含水多，要在太阳下晒一晒，减少水分，同时降低病原微生物的数量，这样可以有效地控制幼兔的腹泻和鼓胀病。

另外，注意经常加喂一些大葱或洋葱叶、大蒜等食物。食具每 3～5 天用高锰酸钾水消毒 1 次，避免球虫卵囊污染垫草和食具。总体上要掌握下列原则。

① 采用容易消化和高营养的配合饲料。

② 分群饲养，以笼养为好，以每笼 3 只左右为宜（体重

1kg 以内）。

③ 保证饮水，要做到清水不断，饮水常换。

④ 自由采食，可以添加青草。

3. 幼兔的管理

断奶仔兔必须养在温暖、清洁、干爽的地方，以笼养为佳。应按日龄大小、体质强弱分成小群。笼养以 1 笼 3～4 只为宜，群养可以一群 15～20 只。幼兔断奶后 2 周内，兔舍温度应控制在 15～25℃，2 周以后可保持在不低于 10℃ 的条件下，室温过高或过低都会影响幼兔的生长和成活率。对幼兔还必须定期称重，一般可隔半月称重 1 次，及时掌握兔群发育情况，如生长发育一直很好，可留作后备种兔；如体重增加缓慢，则应单独饲喂，进行观察。

① 控制好饲养条件。环境要温暖、干燥、清洁、安静。

② 疾病防治。坚持消毒，注射疫苗和注意防球虫病。

③ 断奶仔兔要增加运动。每天可放在铁丝网围好的运动场内活动 2～3h，天气好时可以多运动一会。体质较弱的可单独饲养。

（五）青年兔的饲养管理

青年兔又称后备兔，是指 3～6 月龄的兔。此阶段兔子开始发情，为了防止早配，必须将公、母兔分开饲养。青年兔生长快，新陈代谢旺盛，长骨骼，长肌肉。

1. 青年兔的生理特点

青年兔的特点是生长发育很快，主要是长骨骼和肌肉的阶段，对蛋白质、无机盐和维生素的需要量多，对粗饲料的消化能力以及抗病能力已逐渐增强。成熟早的公、母兔已有性欲和发情表现。

2. 青年兔的饲养

青年兔由于生长发育快，体内代谢旺盛，需要充分供给蛋白质、无机盐和维生素。饲料应以青粗料为主，适当补给精饲料，5 月龄以后需控制精料用量，以防过肥，影响种用。

日粮中蛋白质应占 13%，矿物质、微量元素、维生素要满足需要。夏、秋季节，每日每只兔喂青绿饲料 550g、配合饲料 30g。冬、春季节，每日每只兔喂优质干草 100g、块根饲料 200g、配合饲料 45g。

3. 青年兔的管理

为了防止青年兔早配、乱配，从 3 月龄开始就必须将公、母兔分开饲养。对 4 月龄以上的青年兔进行 1 次选择，把生长发育优良，健康无病，符合种兔要求的留作种用，最好单笼饲养。不作种用的公兔要及时去势，可合群集体饲养。

（六）家兔的育肥

肉用兔和兼用兔为了改善其肉质，增加出肉量，提高养殖的经济效益，在出栏屠宰前要对兔进行育肥，育肥前要采取一些必要的措施。

1. 育肥的原理

家兔的育肥就是在短期内增加体内的营养，使营养能够大量储积在体内，形成肌肉和脂肪。一般肉用兔和兼用兔的育肥效果最好，皮用兔次之，毛用兔最差。

2. 育肥兔的管理原则

一般断奶后即开始育肥，即在 28～40 日龄断奶，但体弱者可以延长吃奶时间。饮水必须用抗应激药和抗球虫药。断奶后最好原窝在一起，也可以群养一段时间，每群以3～4只为宜。一般断奶后可群养7天，到第7天时注射兔瘟疫苗，再改为单笼饲养，自由饮水、自由采食。最好采用黑暗不见光育肥技术，效果较好。温度控制在15～25℃，70～90日龄时，一般体重在2～3kg，即可出售。

注意：仔兔断奶后，即30日龄左右可注射驱虫针，有利于增加体重，可用“伊维菌素”或“阿维菌素”等，断奶后7天注射“兔瘟单联苗”，注射疫苗期间要饮抗应激药水。60日龄可加强注射1次，也可注射兔瘟-巴氏杆菌二联苗。

3. 育肥方法

家兔育肥方法大致可分为两种，即幼兔育肥法和成年兔育肥法。

（1）幼兔育肥法 从仔兔断奶起就开始催肥，育肥开始时可采用合群放牧，使幼兔充分运动，以增进健康，促进骨骼、肌肉充分生长，10～15天后即可采用笼养法育肥，时间为30～45天，体重达到2～3.6kg时即可出售或屠宰。

（2）成年兔育肥法 就是淘汰的种兔在屠宰前有一段较短的育肥期，以增进体重，改善肉质，育肥时间一般不超过30～40天，可增加体重1～1.5kg。

4. 育肥的操作步骤

（1）驱虫 肉兔育肥前要先进行驱虫，可以按照每千克体重10mg的剂量在第1天晚上和第2天早上分别喂给丙硫苯咪唑。

（2）去势 为了增进肉兔生长发育，避免在育肥期间配种，应在育肥前对公兔进行去势。公兔去势后可增进育肥效果，降低体内的代谢，有利于脂肪储存。实验证明，去势可以使育肥效果增加15%，同时又能降低饲料消耗量。一般在出生8～10周去势。

去势的方法：用手将睾丸从腹腔中挤出，并捏住不让其滑动，用碘酒在准备开刀处消毒，然后，用消毒过的刀片在两只睾丸的中间切一个小口，将睾丸挤出并摘除，再用碘酒消毒，3天后即可痊愈。

（3）预防接种 育肥前，每只兔注射兔瘟-巴氏杆菌二联苗1.0mL，以防止疾病的发生。

（4）分群 育肥兔应适当增加饲喂的密度，成年兔以每平方米6～8只为宜。同一群中体质、体重要尽量均等一致，这不仅有利于兔的生长发育，也可以在一定程度上防止兔群争斗。

（5）育肥兔的饲养与管理

① 育肥饲料。家兔的育肥饲料应以精料为主，青料为辅。若自行配制混合料，要求含纤维素15%、粗蛋白17%、脂肪2.5%。最适宜的育肥饲料是玉米、大麦、豆腐渣、豆饼、糠麸、甘薯、马铃薯等，并需添加适量的骨粉、食盐、木炭粉、无机盐等补充饲料。育肥兔的饲料配方可参考表7-1。

表7-1 育肥兔的饲料配方举例

饲料种类	优质干草粉	玉米	大麦	麸皮	豆饼	食盐	微量元素	多种维生素
所占比例/%	50	23.5	11	5	10	0.3	0.1	0.1

② 育肥兔的饲养。饲喂时要定时定量，一般每日为3～4次。要实行少喂多餐，育肥期家兔的运动减少，饲料要以精料为主，所以通常表现食欲较差。为了增加食欲，应掌握少喂多餐的原则，以增加采食量。同时要供应充足的饮水，其饮水方式最好采用自动饮水，饮水量应掌握在每日每只不少于

0.3kg。夏季天气炎热时应增加饮水量，冬季最好饮温水。

③ 育肥兔的管理。

a. 限制运动。育肥的家兔，尤其是育肥的后期，应限制运动，不宜放养，最好关在仅能容身的小笼子或木箱内，安置在温暖安静、光线较弱的地方，以促进增重和脂肪沉积。

b. 搞好卫生。应每天打扫兔笼舍，清除粪便，洗刷饮具，保持兔舍和用具的清洁卫生，预防疾病的发生。根据实际情况每3～5天带兔消毒1次，每半个月或1个月对兔舍周围的环境进行消毒，以便有效地杀灭病原微生物，防止兔群发病。

c. 保持环境安静。兔胆小容易受到惊吓，一旦有异常响动就会惊慌失措，乱跳不安，这对兔的育肥非常不利。因此，在管理上动作要轻，工作人员不要频繁更换，服装也应尽量保持一样。

d. 做好防暑与防寒工作。最有利于育肥兔饲养的环境温度为15～25℃，因此，夏季兔舍内最好安装风扇或排风扇，兔舍的门窗应打开，兔舍周围栽植树木，种植丝瓜、爬山虎等藤蔓植物进行遮阴工作。兔舍内生炉子或加装暖气，窗户上订上塑料薄膜，以提高舍温，有利于兔的增重。

e. 细心管理。家兔育肥期间因缺乏运动和光照，抵抗力较差，容易患病，所以要细心管理。要确保育肥期的家兔能吃饱、吃好、休息好，具有良好的健康状况。

（七）长毛兔的饲养管理

长毛兔同样是草食性动物，消化青粗饲料的能力较强，也同样可以利用杂草、树叶、人工牧草和农副产品作为饲料。由于不与人争粮，不与猪、禽争饲料，符合发展节粮型畜牧产业方向。此外，饲养长毛兔，还具有投资小、见效快、成本低、效益高的特点，是我国广大农村的主要养殖业之一，特别是对于贫困山区来说，已经成为脱贫致富的一个好项目，是重要的养殖种类。

根据长毛兔怕热、怕湿、怕脏、怕惊扰、怕兽害等生物学特点，对于长毛兔的饲养管理，必须抓好以下几点。

1. 场址的选择和兔舍的建筑要科学

长毛兔场场址要选择在地势高燥平坦、环境安静、背风向阳、排水良好、水源充足的地方。兔舍的建筑要做到以下几点。

① 建筑材料坚固，以防被长毛兔啃咬以及消毒药腐蚀而损坏。

② 兔舍内要干燥，相对湿度以60%～65%为宜。兔笼与地面的距离要保持在20～30cm以上。兔舍的地面要高出舍外地面20～30cm，地面上的排水沟要有一定的坡度，便于粪、尿和污水的畅流。

③ 兔舍内空气要流通，初生兔的兔舍温度控制在30～32℃，成年兔温度最好控制在10～25℃。

④ 兔舍内的光照要充足，如果用人工光照每平方米不少于4W。

2. 要培育高产兔群

由于长毛兔的产品主要是兔毛，所以要培育产毛量高的兔群。种兔的选择要做到公兔要强，母兔要良。公、母兔不能有相同的遗传缺陷，要避免三代以内的近亲交配。同时，要搭配好种公、母兔的年龄关系，避免青年公兔与青年母兔交配，老年公兔与老年母兔交配，有条件的地方要加大人工授精技术，利用优良种公兔的资源，给母兔输精，提高良种公兔的利用率，加快兔群的改良步伐。

3．要合理搭配饲料

俗话说：兔吃百样草，全靠人来找。根据长毛兔的消化特点，在广辟饲料资源，做好饲料充足供应的同时，坚持以青饲料为主，搭配少量的精饲料和粗饲料，不仅能降低饲料的成本，而且还能取得较好的饲喂效果。一般来说，长毛兔的配合日粮品种要多样化，营养全面，适口性好，不要发霉变质。在饲喂技术上要做到以下几点。

① 定时、定量，少给勤添。

② 变换饲料要逐步进行，尽量保持相对稳定。

③ 要加喂夜料，注意饮水卫生。还可以用颗粒性饲料，可有效提高饲料的利用率，确保长毛兔不同生理阶段的营养需要。

4．要抓好仔兔的饲养

在仔兔出生后，生活环境发生了巨大变化，抵抗外界环境的能力较差，特别是初生仔兔的全身无毛，不能自己调节体温，在冬、春季节的死亡率较高。因此，仔兔的饲养管理要注意如下几点。

① 在出生 4～6h，必须吃饱初乳，及时从初乳中获得营养。

② 从出生到 11 日龄时，要加强保温措施，防止外界温度的大幅度升降。

③ 注意兔笼的清洁卫生，及时清扫粪便，避免带有虫卵的母兔粪便污染而感染球虫病。

④ 在出生后到 40～45 天，做好仔兔的断奶管理，饲喂的饲料要容易消化，富含蛋白质、维生素和矿物质。

5．要加强夏季多雨潮湿季节的饲养管理

长毛兔最怕潮湿的环境，夏季湿度较大，适宜细菌等微生物的生长，兔容易发病，死亡率也较高。因此，在夏季长毛兔的兔舍要保持干燥。如果相对湿度超过65%，可在兔笼和地面撒一层干燥的草木灰或生石灰。同时，加强兔舍的通风和笼及食具的清洗消毒工作，做到清洁卫生。

6．要做好兔群的保健工作

兔场的兽医人员要坚持每天巡回检查兔舍，并对兔群进行健康检查，发现疫病要及时采取措施。对兔舍、兔笼及用具要做到每天清理，每周1次重点消毒，每个季度进行1次大消毒。同时，在健康兔群中要有计划地进行免疫注射，特别是3月龄以上的长毛兔，每年在春、秋两季要注射兔瘟疫苗。

7．梳毛

长毛兔兔毛的生长速度为每天0.6～0.7mm，为了防止兔毛缠结，要坚持每隔10～15天用梳子自上而下顺毛梳理1次。

梳毛是饲养毛用兔的一项经常性工作，目的在于防止兔毛缠结。兔毛因含油脂甚微，如果兔体营养不良，毛纤维粗糙干枯，加上地面潮湿或兔群拥挤，被毛就会缠结成块，增加梳毛次数可防止毛结块。同时，要加强饲养管理，保持兔体清洁、干燥。

幼兔自断奶后即行梳毛，以后每隔10～15天梳理1次。成年兔待兔毛长度达到3.3cm以上时即开始梳毛，以后每隔15天梳理1次。

梳毛方法：用木梳顺毛方向，先梳颈部、肩部、背部、后躯，再梳前胸、腹部和四肢，最后梳理头部，如遇缠结，应用

手指轻轻撕开，撕不开时可以剪去结块毛。梳下的兔毛，经加工整理后也可以出售。

8. 采毛

当幼兔长到60～70日龄时，要将全身的乳毛剪光，以后每隔2.5个月采毛1次。毛用兔每年可采毛4～5次。采毛的方法有剪毛和拉毛两种。

（1）拉毛 适用于春、秋换毛季节和冬季。拉毛的优点是能够取长留短，提高兔毛的品质和售价，缺点是费工较多。对长毛兔拉毛时，将兔子放在采毛台上或膝盖上，先用梳子梳通被毛，左手按住耳根和颈部，用右手拇指、食指、中指将长而密的兔毛，耐心地一小撮一小撮地拉下，不可用力过大，以防拉伤皮肤。拉毛要分几次拉取，不可1次将全身被毛全部拉完，冬季宜将短毛留下，以保温御寒。幼兔因皮肤嫩，不宜采用拉毛法；妊娠兔、哺乳母兔、配种期公兔也不宜采用拉毛法采毛，否则容易引起妊娠兔流产，哺乳母兔降低泌乳量和影响配种期公兔的精液品质。

实践证明，拉毛的方法可以促进皮肤的血液循环，促使兔毛的纤维变粗，再生毛生长整齐，有利于提高兔毛的产量。

（2）剪毛 剪毛是采毛的主要方法，常用于大群饲养。剪毛时将兔子放在剪毛台上，先用梳子梳通周身，清理结块和杂质，然后再行剪毛。剪毛程序一般从臀部开始，沿背部中线一直剪至后颈，然后剪左、右两侧和头部、臀部、腿部，最后剪腹部的毛。

剪毛时应注意以下事项。

① 剪刀开口宜小，剪毛时要注意先把皮肤绷紧，再紧贴皮肤剪，靠近毛根，依次剪下。切不可用手提拉兔毛，以防剪

伤皮肤。

② 剪毛时应一刀剪下，不要修剪，以免出现二刀毛，兔毛中混杂多量二刀毛，就会降低质量。

③ 剪腹部毛时要特别注意，切不可剪破母兔的乳头和公兔的阴囊。接近分娩母兔可暂时不剪胸毛和腹毛，以留给仔兔做窝用。

④ 剪毛宜选择在晴天、无风时进行。冬季宜在中午进行，并需垫上软垫。为避风寒，剪毛后应将兔子放入挂有麻袋或布帘挡风的笼内或巢箱。

⑤ 剪毛要有计划性，一般要求毛长达到一级毛以上才剪，以 75～80 天剪毛 1 次为宜。为满足毛用兔喜欢冬暖夏凉的习性，每年的剪毛时间可安排在 3 月上旬、5 月中旬、7 月下旬、10 月上旬和 12 月中旬。

总之，长毛兔的饲养管理要采取综合性的措施，对于每一个技术环节都不得放松，只有实行科学的养殖，才能达到兔群稳产高产，实现最佳的经济效益。

四、不同季节的饲养管理技术

我国幅员辽阔，地形复杂，南北气候差异大，气温、雨量、湿度等都有明显的地区性和季节性差异。因此，对于家兔在不同季节的饲养管理应实行科学的方法。

（一）春季

春季由于饲草来源丰富，天气不冷不热，是最有利于家兔繁殖和生长的季节。但此时期白天与晚上的气温温差太大，气温多变，加上又是兔的换毛期，也很容易发生感冒和肺炎等疾病以及发生传染病的流行。此期既要积极配种，加快繁殖，又要增喂蛋白质饲料，加强兔的营养，做好预防注射免疫工作。

1．抓好饲料供应

要严格掌握饲料的品质，雨后收割的青草要晒干后再喂，饲料中最好拌入少量的大蒜、洋葱、韭菜等杀菌性饲料，以增强兔子的抗病能力。

2．搞好笼舍卫生

春季随着气温的升高，对于细菌的繁殖更为有利了，所以一定要搞好兔舍、兔笼的清洁卫生。笼舍要清洁、干燥，做到勤打扫、勤洗刷、勤消毒。地面湿度较大时可撒上草木灰或生石灰进行消毒、杀菌和防潮。

3．加强检查工作

春季是家兔发病率较高的季节，尤其是球虫病对家兔的危害很大。每天都要检查幼兔的健康状况，发现问题及时处理。对于食欲不好，腹部膨胀，腹泻，弓背的兔子要及时隔离治疗。我国的华北、东北地区的具体情况是春季雨量较少，温度适宜，阳光充足，适宜于家兔的生长、繁殖，要有计划地安排好春季繁殖工作。

4．搞好春繁春养

家兔经过了漫长的冬季，青绿饲料缺乏，气候寒冷，光线不足，一般体质较差，也正处于换毛期。因此，母兔往往不发情或发情不明显。在饲养上尽可能供给一些鲜嫩饲料，并补饲富含蛋白质的混合料，使家兔尽快恢复体况，促进及早发情和及早配种。

（二）夏季

夏季高温多湿，气候炎热，家兔因为汗腺不发达，常因炎热而造成食欲减退，抗病力降低，尤其是对于仔兔、幼兔的威胁很大。因此，在饲养管理上应注意防暑降温和精心饲养，防止吃到霉变食物而中毒。此季节是家兔容易瘦弱和发生传染病的时期。因此，要注意以下事项。

1．防暑降温

当小暑节气到来时，室内兔舍要敞开门窗，做到阴凉通风。露天的固定兔笼，可种植遮阴树木及藤蔓植物，如及早种植南瓜、葡萄、爬山虎等攀缘植物，或搭建凉棚，挡住阳光，不能让太阳光直接照射到兔笼上。家庭饲养，如果采用的是活动兔笼，可移动到阴凉通风的地方。在多雨天气还要注意防潮。笼内的温度超过30℃时，可以采用地面洒水降温的方法。毛用兔在炎热季节到来之前，一定要剪毛1次，以利于防暑降温。

2．精心饲养

夏季中午炎热，家兔往往食欲不振，因此，每天喂料一定要做到早餐早喂，晚餐迟喂，中午多喂青绿饲料，同时要供给清洁的饮水。夏季饮水以供应低温水为好，如果在饮水中加入2%的食盐，既可以补充体内的盐分消耗，又有利于防暑。

夏季还要防雨防潮。夏季雨水比较多，在饲养时不要喂带露水的青草，在兔舍和运动场的地面上要经常撒一些草木灰和石灰类的干燥物，既可以吸水，又具有消毒的作用。

种公兔和种母兔的膘情不好就不要配种，对于准备秋繁的种兔，要补饲一定的精料。在日常的喂养上一定要注意，不要喂露水草和泥水草。在阴雨连绵期间，要适当增加干粗饲料，并且在精料中拌入一定量的预防疾病的药物，以增强抗病能力，防止疾病发生。

3. 搞好卫生，消毒防病

夏季蚊蝇滋生，病菌容易繁殖，一定要搞好清洁卫生工作，兔舍、兔笼内的粪便要每日清除，兔笼底板、食盆、饮水器等必须经常刷洗，可以用3%的来苏儿溶液消毒。笼舍要勤打扫，勤消毒，饲料要防止发霉变馊。

4. 充足的饮水

由于夏季炎热，家兔应给予充分的饮水，如饮水不足会发生中暑死亡。母兔产仔后若不供应饮水非常容易发生食仔现象。为了预防消化道疾病，每周可给兔饮1次0.01%的高锰酸钾水。

饮水时要做到“五不饮”。

① 不饮冰碴水（冬季）。

② 不饮坑塘水。

③ 不饮隔夜水。

④ 不饮污水。

⑤ 不饮有毒水。

5. 预防球虫病

夏季高温高湿，容易爆发大规模的球虫病，因此，预防好球虫病至关重要。首先，要从环境上控制。其次，加强药物预防，幼兔应从20日龄起就开始预防。尽量避免大、小兔子养在一起，当大、小兔混养时，要做到大、小兔共同预防疾病。但是要注意，不要使用农业部禁用的兽药。

6. 防止误食有毒食物中毒

不要饲喂来路不明的饲料和发霉变质的饲料。

（三）秋季

秋季天高气爽，气候干燥，饲料充足，饲料营养丰富，是饲养家兔的又一个好季节。在饲养管理上应抓好繁殖和换毛期的饲养。

1. 抓紧繁殖

秋季是繁殖家兔的大好时节，一般表现为配种受胎率高，产仔数多，幼兔发育良好，体质健壮，成活率高，所以应抓紧繁殖。有条件的地方，7 月底 8 月初就可安排配种。

2. 加强饲养

成年兔在秋季正值换毛期，换毛家兔一般体质虚弱，食欲减退。因此，要加强营养，多喂青绿饲料，并适当增喂蛋白质含量较高的精饲料。换毛期的家兔应严禁宰杀剥皮。

3. 细心管理

秋季早晚与中午的温差大，有时温差可达到 10～15℃，幼兔容易发生感冒、肺炎、肠炎等疾病，严重时会造成死亡，因此，必须细心管理。群养家兔每天傍晚应赶回室内，每逢大风或降雨天气不宜让其在露天活动。

（四）冬季

冬季气温低，气候寒冷，光照时间短，缺乏新鲜的青绿饲料，幼龄兔最容易因为寒冷和营养不良而造成体质衰弱、死亡。因此要加强饲养管理。

1．做好防寒保温工作

冬季兔舍温度，除了新生仔兔外，并不要求十分暖和，但要求温度保持相对稳定，切忌忽冷忽热，否则，容易引起家兔感冒。当气温降到 0℃以下时，室内养兔要关闭门窗，防止贼风侵袭，如果有条件可搭建塑料棚保暖。室外养兔，笼门上要挂好草帘，防止寒风侵入。幼兔要多晒太阳、多活动，应在晴天的中午进行。天气过于寒冷时，要在幼兔笼内放置保暖箱或清洁的柔软干草，作为幼兔的夜间栖宿地。

2．及早准备充足饲料

冬季气温低，家兔的热量消耗多，所以不论大兔还是小兔，每天供应的日粮应比其他季节增加 30%，特别要多喂一些含能量高的精饲料。另外因冬季缺乏青绿饲料，容易发生维生素缺乏症，每天应设法饲喂一些青菜叶、胡萝卜、老南瓜等，以补充维生素的不足。干粗饲料、干树叶最好粉碎后加入少量的豆腐渣或糠麸，用水拌匀再喂。饮水不要用冷水，要饮温水。

3．认真搞好管理工作

冬季，对于仔兔箱要加强管理，勤换褥草。长毛兔一般不宜在严寒季节剪毛，最好改为拉毛，以免感冒。不论大兔小兔，均应在笼舍内铺垫少量的干草，以备夜间栖宿。白天应让家兔多晒太阳，多运动，有条件的地方在中午有阳光时放兔运动。

4．整合兔群

要想养好家兔，关键要有一个优良的种兔群。要在冬季对兔群进行 1 次大整顿，将繁殖力强、后代生长速度快的青年母兔和繁殖力强、性欲旺盛、配种能力强的青年公兔留作种用。淘汰体弱多病、产仔率低、后代表现不良的青年公、母兔。公、母比例至少要达到1∶8，种兔群的年龄结构，7～12月龄的后备兔占25%～35%，1～2岁的壮年兔占35%～50%，2～3岁的老年兔占25%～30%，这样可保持兔群有比较强的繁殖力。

5. 补充光照

冬季日照短，气温低，冬季一般早晨7点半天亮，下午5点天黑，自然光照时间仅仅9～10h，不利于母兔生殖激素的分泌，导致母兔生殖激素分泌过少，造成母兔卵巢活动机能减弱，母兔不发情与不孕现象增多。为了提高母兔的繁殖性能，要给繁殖母兔人工补充光照，每天光照时间达到14～16h。每天早晨6～7点半，傍晚5～8点半开灯人工补充光照，弥补光照的不足。

五、家兔的一般管理技术

（一）捉兔方法

捉兔是管理上最常用的手段，如进行发情鉴定、妊娠检查、疾病诊断、药物注射等。如果捉兔的手法不对，往往会造成不良后果。

捉兔之前，可将笼内食槽、水盆取走，右手从兔前部阻挡兔子，使其匍匐不动，随即再对家兔进行捕捉。正确的捉兔方法是用一只手把耳朵轻轻压在兔的肩峰处，再用手大把抓住家兔颈后部皮肤，轻轻提起，另一只手托住兔子的臀部，使兔子的重量落在托兔子的手上。为了防止兔爪骚伤皮肤，应将兔四肢向外，背部向人的胸部。这样既不伤害兔子，还可以避免兔爪伤人。

家兔的耳朵虽然大而且直立，捕捉时切不可只是抓住两只耳朵，向上提起，因为家兔的耳朵是软骨，不能承受全身的重量，且兔子的耳朵神经密布，血管很多，抓提兔耳朵时必然感到疼痛而乱颠乱动，这样容易损伤耳脉，引起两耳垂落。捕捉家兔也切忌倒拎后腿，因为兔子是善于向上跳跃的，不习惯于头部向下的运动，倒拎后腿容易发生脑充血，甚至死亡。

（二）公母鉴别

仔兔出生后需要作性别鉴定，一般可通过观察阴部生殖孔形状和生殖孔与肛门之间的距离来识别。孔洞扁形而略大，与肛门之间的距离较近者为母兔；相反，孔洞圆形而小，与肛门之间距离较远者为公兔。

开眼后的仔兔，可以检查生殖器。方法可用左手抓住仔兔耳颈部，右手食指与中指夹住仔兔的尾巴，用拇指轻轻向上推开生殖器，公兔的局部呈现“O”形（图7-4，彩图），并可翻出圆筒状突起；母兔则呈现“V”形尖叶状，下端裂缝延至肛门，无明显突起。这种方法简便而且准确，容易掌握。

3月龄以上的青年兔，鉴别比较容易，一般轻压阴部皮肤张开生殖孔，中间有圆柱状突起者为公兔，有尖叶形裂缝朝向尾部者为母兔。

（三）年龄鉴别

家兔最准确的年龄鉴别方法是查看记录档案。在缺少记录的条件下，家兔的年龄主要根据趾爪的长短、颜色、弯曲度，牙齿的颜色和排列、皮板的厚薄等进行鉴别。即按照老、中、青三个档次大体区别一下。一般以6月龄至1.5岁的兔为青年

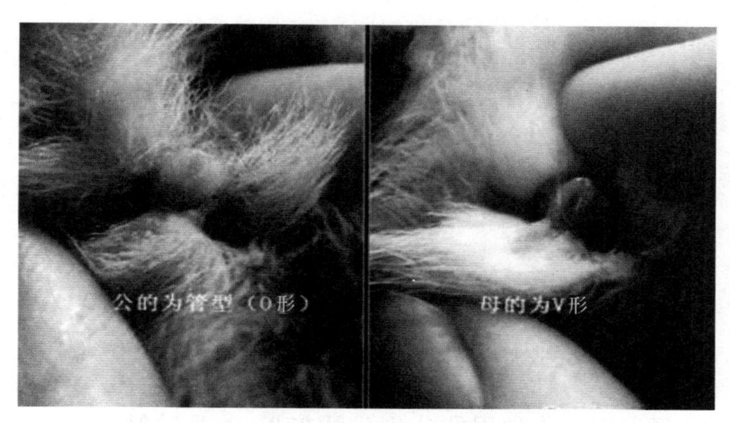

图 7-4　兔公母性别鉴别（左：公兔；右：母兔）

兔；1.5～2.5 岁的兔为壮年兔；2.5 岁以上的兔为老年兔。

1. 青年兔

趾爪短细而平直，有光泽，隐藏于脚毛中；白色兔趾爪基部呈粉红色，尖端呈白色，且红色多于白色。门齿洁白、短小而整齐。皮肤紧密结实。

2. 壮年兔

趾爪粗细适中，平直，随着年龄的增长，逐渐露出脚毛之外，白色兔趾爪颜色红白相等。门齿白色、粗长、整齐。皮肤紧密。

3. 老年兔

趾爪粗长，爪尖勾曲，有一半趾爪露出于脚毛之外，表面粗糙无光泽，白色兔趾爪颜色白色多于红色。门齿厚而长，呈暗黄色，时有破损，排列不整齐，皮肤厚而松弛，可以通过家兔的趾爪判断年龄（见图 7-5）。

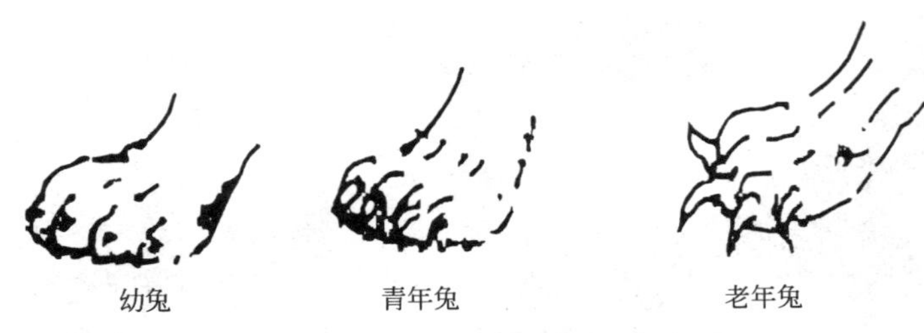

图 7-5　不同年龄家兔的趾爪示意图

（四）公兔的去势

凡经鉴定不作种用的公兔，可在 3～4 月龄时去势，以防止劣种流传。去势后的公兔性情温顺，管理方便，能加快生长速度，提高毛的产量，毛纤维细而浓密，被毛光泽，肉质肥嫩。公兔去势的方法有以下几种。

1. 阉割法

阉割时，将公兔腹部向上，用绳子将其四肢分开绑在桌角。然后，再先剪短阴囊附近的长毛，术者用左手将睾丸从腹股沟管挤入阴囊，并用食指和拇指捏紧固定，用碘酒消毒切口处，然后用消毒后的去势刀沿睾丸垂直方向切开皮肤 1cm 左右，挤出睾丸，扭断精索，再用碘酒消毒止血，并适当按压。然后放入消毒过的清洁兔笼中饲养，2～3 天后伤口即可愈合，恢复健康。采用这种方法时，要严格进行消毒，手术后要细心管理饲养，以防伤口感染。

2. 结扎法

一般采用普通橡皮筋或丝线结扎睾丸，方法简单易行，不流血。术者先用碘酒消毒阴囊皮肤，然后用左手两指捏住睾丸，用橡皮筋或丝线将两个睾丸连同阴囊一起扎紧，阻断睾丸部分的血液循环，经10天左右睾丸部分就会枯萎脱落。采用结扎法，有时个别公兔会发生特有的炎性反应，术后1～2天，阴囊和睾丸将迅速增大7～9倍，但3～5天后肿胀即会减退，20天左右睾丸就会萎缩成硬块。

3. 化学法

即用化学方法处理公兔睾丸。具体做法是先将10g氯化钙溶于100mL蒸馏水中，再加1mL甲醛溶液，摇匀过滤后，即可瓶装备用。然后将3月龄以上需要去势的公兔保定好，在阴囊纵轴前方用碘酒消毒后，视公兔体形大小每个睾丸注入1～2mL备用药液即可。注射后睾丸开始肿胀，3～5天后自然消退，7～8天后睾丸则明显萎缩，公兔失去性欲。此法简单易行，效果很好，但一定要将药液确实注射到睾丸实质正中，药液如果注射在睾丸的外边可能引起家兔的死亡。

（五）编号

为了便于日常管理和生产性能记录，以及选种、选配和进行科学试验，对种兔及试验兔要进行编号。

编号一般在仔兔断奶前进行，同时进行造册登记。一般习惯将耳号打在一个耳朵上，公兔在左耳，母兔在右耳。有的习惯公兔用奇数，母兔用偶数。打耳号的方法有针刺法、耳标法等。

（1）针刺法 在兔耳内侧无血管处用蘸水钢笔尖蘸取用食醋研的墨汁，刺破表皮，达到真皮即可。但是笔尖不能刺破耳壳皮肤，用力要均匀，深浅要一致，刺点距离要匀称。数日后就成为永不褪色的蓝色号码。此法简单，适合采用。

（2）耳标法 在铝制耳标上预先打印好要编的号码，然后卡在耳朵上。上耳标时，需要两个人合作进行，一个人负责保定家兔，另一个人在耳朵根部上边内侧无毛处，先进行消毒，然后用小尖刀扎一个小口，将耳标穿进小口，围成圆圈即可进行固定。此方法常常使家兔疼痛难忍，发出尖叫声，故采用不多。

（六）剪爪

爪是皮肤的衍生物（相当于人的指甲），有保护脚趾、挖穴打洞、搏斗的作用。兔爪在野生或地面散养条件下，由于与地面接触而不断磨损，会始终保持适当的长度。但是，在笼养的情况下，爪失去了磨损的条件，会导致爪越长越长，甚至造成畸形、端部带钩、左右弯曲等。迫使家兔用跗关节着地。久而久之，跗关节肿胀发炎，甚至发生脚皮炎，影响家兔的活动，特别是影响种兔的配种。因此，成年兔应该剪爪。

剪爪可用普通的果树剪子。方法是术者左手提起兔的肩胛皮肤，使其臀部轻轻着地，右手持剪在家兔爪红线（爪心血管）外端0.5～1cm处剪断，成年兔应2～3个月修爪1次。

第八章 兔舍建筑和设施

良好的兔舍和完善的设施是搞好家兔养殖的重要物质基础。它与家兔的饲养管理、兽医防疫和提高劳动效率等都有密切的关系。建造兔舍应该从家兔的生物学特性出发，根据饲养家兔的数量、生产方向以及各地不同的环境条件等因素进行设计，以保证家兔健康地生长和有效的繁殖，有效地提高产品的数量和品质，从而获得更高的经济效益。

一、兔舍建筑的基本要求

（一）地点的选择

兔场的设计和笼舍的建筑是否合适，会直接影响到家兔的健康、生产力的发挥和劳动效率的高低。要根据家兔的习性，结合本地区的特点，选择好场址，做到有利于兔群生长发育，有利于饲养管理，有利于积肥和防疫。

1. 地势

兴建兔舍，应选择地势高燥、平坦开阔、背风向阳、地下水位低（2m 以下）、排水良好、场地宽敞、有适宜坡度的地方。

2. 水源和水质

应有水量充足、水质良好的水源。水质应该清洁无异味，不含过多的杂质、不含细菌和寄生虫卵。

3. 交通及空间间隔

兔舍应远离屠宰场、牲畜市场、畜产品加工厂及牲畜来往频繁的道路。由于家兔对于突然发出的声音会表现出强烈的惊恐不安，严重影响家兔正常的生理活动，所以尽量不要在车马来往、人声嘈杂的道路边上建场。兔场最好建在离交通干道200m、离一般道路 100m 以外比较偏僻的地方（图 8-1）。

图 8-1　兔场远景

（二）材料的选择

建造兔舍所用的材料应因地制宜。同时，应就地取材，节约资金，如砖、石、具网眼的铁皮等都是理想的建筑材料。由于家兔有啮齿行为和打地洞行为，因此，还必须考虑到建筑材料的坚固性和耐用性。如选用砖、石、水泥、竹片以及网眼铁皮等，这些材料不易被兔啃咬破坏。有些无兔笼的兔舍，如山洞式、地窖式、地沟群养式兔舍，在家兔活动的范围内，均应铺镶砖头或其他坚固材料，以防家兔打洞逃逸。

（三）兔舍要有“六防”设施

兔舍的设计要符合家兔的生活习性，要有防暑、防潮、防雨、防寒、防污染以及防兽害的“六防”设施。固定式多层兔笼总高度不宜过高，为了便于清扫、消毒，双列式道宽一般以1.5m左右为宜，粪水沟宽应不少于0.3m，坡度1%～1.5%。兔舍屋顶必须隔热性能好，兔舍墙壁应坚固。兔舍的门既要便于车辆出入，又要坚固，还要防兽害。兔舍的窗户应高而宽大，便于通风和采光，同时要有铁栏杆或铁纱窗设施，以防野兽及猫、狗等入侵。兔舍的地面要坚实平整、防潮保温，应高出舍外地面20～25cm，以防雨水倒流入内。为了避免兔舍内环境污染，兔舍还必须有良好的排污系统。这样，兔舍才基本具备清洁干燥、空气新鲜、冬暖夏凉和安全可靠等条件，符合家兔生活习性的要求。

（四）应能调节小气候

理想的兔舍，应具有调节兔舍内小气候的条件。能根据外界气温的季节变化，因地制宜地采取措施来进行调节，以满足家兔对其生活环境的要求，兔舍小气候主要包括温度、湿度和光照等。

1. 温度

温度直接关系到家兔的健康、繁殖、食欲和增重。家兔对温度的要求，成年家兔适宜的温度为15～25℃，新生仔兔应在30～32℃。产房应根据新生仔兔的要求来调节温度。目前兔舍内采用局部供暖要比全部供暖较为合算。同时，兔舍内应绝对避免气温的急剧变化。一般兔舍内的温度分布不均匀，兔舍跨度越大，温差越明显，因此，应将不同年龄的家兔分别置于局部温度相对比较适宜的位置。

2. 湿度

在高温或低温的条件下，过高的湿度对家兔的健康会产生不良影响。家兔所需的适宜相对湿度为60%～65%，一般不低于55%。由于家兔对急剧变化的湿度很不适应，因此，兔舍内的湿度应当保持恒定。

3. 光照

光照对于家兔的繁殖有一定的影响，一般家兔多采用自然光照。兔舍的门、窗的采光面积应占地面面积的15%左右，阳光入射角度不低于25°～30°。繁殖母兔每天光照14～16h，可获得最佳繁殖效果，并且能全年有规律地进行繁殖；公兔需要的光照时间较短，一般每天光照8h；育成兔一般工作光照8h以下；对于育肥兔，若采用黑暗或微弱光照要比强烈光照更为有利。若采用人工光照或补充人工光照，光照强度以每平方米兔舍面积4W为宜。

4. 通风和绿化

通风和绿化是调节兔舍内外温度、湿度的好办法。通风还能排出兔舍内的废气和有害气体，提供新鲜空气，有效地减少呼吸道疾病的发病率。一般采用的通风方式有两种，一种是自然通风，适合于气候环境好的和饲养密度小的兔场；另一种是抽气式或送气式的机械通风，这种方式容易控制兔舍内的小气候，尤其对降低温度有显著效果。夏天，0.4m/s 左右的风速对家兔较适宜。兔舍外的温度超过家兔最适温度时，可采用空气冷却技术进行降温，比较经济的方法是结合通风，在通风处安装喷水装置。绿化的调温效果也是相当显著的。阔叶树种夏天可以遮阴，冬天高大树木可以挡风，绿化得好的兔场，夏季可以降温 3～5℃，相对湿度可以提高 20%～50%。1hm^2 的树叶一天可吸收 1t 的二氧化碳，还可吸尘。种植草皮，也可使得空气中的含尘量减少 5/6。因此，为了使家兔处于温和、舒适和空气新鲜的良好环境中，应将植树种草看作是兔舍建造中必不可少的一部分（图 8-2，彩图）。

图 8-2　兔场一角

（五）利于卫生防疫

兔舍的建筑必须符合卫生防疫要求，兔舍及其各种设备都应当有利于清洗和消毒。如兔笼表面应平整光滑，不带有棱角和毛刺，便于除垢和消毒，而且不易被腐蚀，容易被清扫干净。兔笼的底板、食槽以及饮水器等必须容易拆卸，以便于清洗和消毒。通气口应装上铁纱窗，以防蚊蝇等传染媒介进入兔舍。此外，在兔舍建筑中应设有专门清洗各种器具的清洗池以及消毒池和设在兔舍大门口的防疫消毒设施（图 8-3）。

图 8-3　家兔养殖场大门口的消毒池

（六）便于操作管理

兔舍设计，应符合提高劳动效率、便于管理这一原则。为了操作方便，固定式多层兔笼的高度不宜太高。为了清扫方便，兔舍内清粪道的宽度不应小于 0.9m，其中粪水沟的宽度不应小于 0.3m。为了饲喂方便，单列式饲喂道宽度不小于 1.2m，1 辆料车可以自由通过；双列式饲喂饲料的小车通道宽度一般以 1.5～1.8m 为宜，可容两辆车通过。同时，还应为逐步实行饲养管理半机械化和机械化创造条件。

二、兔舍的建筑形式

兔舍的建筑形式主要有棚式（敞开式）、半敞开式、封闭式、室内开放式等。

（一）棚式兔舍

有屋顶而四周无墙壁，屋顶下只有兔笼或围起来的网状围栏。特点是防日晒，减少热辐射，通风良好，空气流速大，造价低，棚舍内多采用多列式（图 8-4，彩图）。

图 8-4　室内多列式兔舍

（二）半敞开式兔舍

一面或两面无墙，一般兔笼的后壁就相当于兔舍的墙壁。这类兔笼有单列式与双列式两种，单列式半敞开式兔舍利用3个叠层兔笼的后壁作为北墙，南面有的有墙，有的则无墙。这种兔舍结构简单、造价低廉、通风良好、管理方便。但冬季不易保温，且兽害严重（图8-5）。

图8-5　单列式兔舍

双列式半敞开式兔舍则兔舍的南墙和北墙均为兔笼的后壁。这类兔舍的跨度小，单位面积的笼位数高，造价低。

（三）封闭式兔舍

这种兔舍四周有墙无窗，舍内的小气候完全靠特殊装置自动调节，并且能自动喂料、自动饮水和自动清除粪便。这种兔舍能控制饲料的消耗率、能获得稳定的增重、能有效防止各种疾病的传播。但需要配备一系列的装置，造价高，主要用于肉兔的饲养。

（四）室内开放式兔舍

室内开放式兔舍是四周有墙的兔舍，因为有采光通风的窗子而称为开放式兔舍。开放式兔舍有单列式、双列式和多列式几种（图 8-6，彩图）。

图 8-6　室内双列式兔舍

三、兔笼

（一）兔笼设计的基本要求

兔笼一般要求造价低，经久耐用，便于操作和洗刷，并符合家兔的生理要求。兔笼的设计内容包括兔笼的大小、笼门、笼底板、承粪板以及笼壁等（图 8-7、图 8-8）。

1. 兔笼的大小

兔笼的大小以家兔在笼内能够自由活动为原则，除了育肥

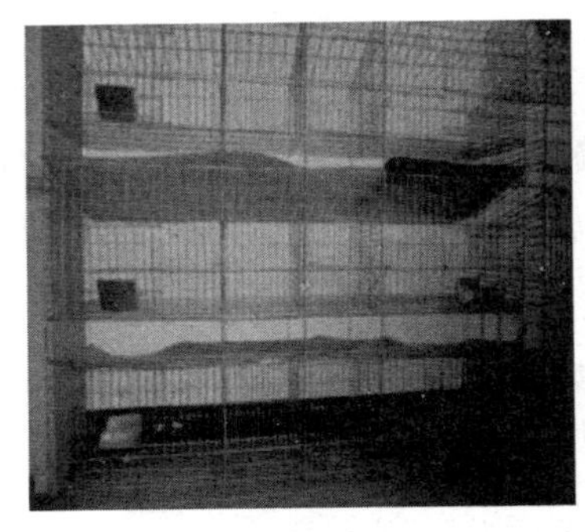

图 8-7　市售拼装式兔笼

图 8-8　简易可移动式兔笼

兔需要较小的兔笼外，一般标准是笼长为成年兔体长的 2 倍，笼宽为体长的 1.3 倍，笼高为体长的 1.2 倍。但是大型品种的家兔应适当放大一些。

2. 笼门

一般应安装在笼子的前面，用竹片、打网眼的铁皮、粗铁丝或铁丝网制成，安装要求既便于操作，又能防御野兽入侵（图 8-9，彩图）。

图 8-9　兔笼门

3. 笼底板

可以用竹片钉制，竹片要光滑，每根竹片宽 2.5cm，竹片的间距为 1cm，竹片的方向应与笼门垂直，可以预防家兔的脚形成划水姿势。笼底板应制成活动的，便于定期取下来进行消毒。也可以用其他材料。为了便于家兔行走，网眼不能太大，又要让兔粪能够很容易地漏下去，一般以 1.3cm×1.3cm 为宜（图 8-10）。

4. 承粪板

一般用水泥板制成，在多层兔笼中，承粪板又是下层兔笼的屋顶。前面应突出笼外 3～5cm，并伸出后壁 5～10cm，向着兔笼的后壁倾斜，倾斜的角度为 15°左右，可以使粪尿经过板面直接流入粪沟，便于清扫。

图 8-10　兔舍笼壁与竹制笼底板

5. 笼壁

兔笼的内壁必须光滑以防勾脱兔毛和便于除垢消毒。一般用砖头或水泥砌成。也可用竹片或金属板钉成。如果用金属板钉制，应在表面涂一层油漆，以防生锈，笼壁 6cm 以下的地方最好不要用金属材料，因兔子小便时要顶住后墙，尿顺墙而下，金属则易腐蚀生锈（图 8-11，彩图）。

（二）兔笼种类

1. 移动式兔笼

移动式兔笼的式样很多，根据构造特点可分为单层活动式、双联单层活动式、单层重叠式、双联重叠式以及室外单间移动式等多种。这些样式的兔笼均有移动灵活方便、构造简单、操作方便、节省人工、易保持兔笼清洁等优点。重叠式兔笼还有占地面积小的优点。

图 8-11　兔笼舍

2. 固定式兔笼

根据构造特点，又可分为室外简易兔笼、室内多层兔笼、立柱式双向兔笼和地面单层仔兔兔笼等。

(1) 室外简易兔笼　室外固定式兔笼必须能防雨、防潮、防暑和防寒。笼顶厚 5～10cm，笼门前面有檐，笼底距离地面 20～30cm 以上，笼壁要坚固，笼门不宜过大，能防兽害。室外简易兔笼可建成单层，也可建成多层。多层兔笼应在上层的笼底下加承粪板，背面设集粪尿沟。在干燥地区可用砖块或土坯砌成，并用石灰粉刷。这种兔笼适合于家庭养兔。

(2) 室内多层兔笼　一般为砖木结构或水泥预制件组建而成，多为 3～4 层，每 2～3 笼设一立柱，或用砖块砌成砖柱。其承粪板、笼侧壁和后壁最好用水泥建造，为了便于通风，后壁也可以用竹板。承粪板由前向后倾斜，以便于清除粪尿。为了便于管理，笼的整体高度在 1.8～1.9m 为好，两层兔笼的前距不得低于 12cm，一般以 15～18cm 为好，后距以

20～25cm为宜。为了防潮通风，最底层与地面的距离最好在30cm以上。室内多层兔笼可以是单列式，也可以是双列式。双列式多层兔笼有的是背靠背的，粪沟设在两排兔笼的中间；有的是面对面的，粪沟设在各自的背面。根据实际经验，这类兔笼具有笼内通风、占地面积小、管理方便等优点，目前国内养兔户多采用这类兔笼。

（3）**立柱式双向兔笼**　这种兔笼由长臂立柱架、顶板、侧壁板、前网、后网及底网等组合而成，结构较复杂。一般为三层，所有兔笼都置于双向立柱架的长臂上。这类兔笼的特点是同一层兔笼的承粪板全部相连，中间无任何阻隔，便于清扫，清粪道在兔笼前缘，容易清扫消毒，舍内臭味较小，饲养效果较好。

四、兔舍其他设备及用具

（一）排污系统

兔舍必须有良好的排污系统。完整的排污系统包括粪水沟、排水管、关闭器及粪水池。粪水沟主要用于排出家兔粪尿和污水，因此必须不渗水，表面光滑，并有1%～1.5%的倾斜度。关闭器用以防止粪水池的不良气体流入兔舍内。粪水池储存由兔舍排出的粪水，应设在离兔舍20m以外的下风口。池底部和四壁用水泥抹面，不渗水，池子的口部要高出地面10～20cm，防止地面的水流入池子的内部。池子口的大小约0.8m×0.8m，供提取污水用，其余部分都封闭好，池子的口平时加盖子。

（二）产仔箱

产仔箱，也叫巢箱，是母兔产仔并给仔兔哺乳的设备，也是仔兔生活的地方。一般用木材或金属片制成。金属的产仔箱，内壁最好用纤维板或木板做底板隔凉。木制的产仔箱在母兔出入的地方要刨光，或用铁皮包上，防止啃咬。比较普遍使用的产仔箱有两种。

1．敞开式的平口产仔箱

用1cm厚的木板或较厚的压缩纸板制成，箱子的底部有粗糙的锯纹，并凿有间隙或开有小洞，使小兔走动时不易滑倒，同时利于排尿液。箱底也可以钉竹片，竹片的厚度为0.4cm，应该竹青面朝上，竹片之间的缝隙应在0.2cm以内，平口式产仔箱见图8-12。

图8-12　平口式产仔箱

2．月牙口形产仔箱

可以竖起或横倒使用，母兔通常从月牙口出入。

（三）饲槽

饲槽也称为食槽。机械化兔场多用自动喂料器。饲槽应该牢固、结实、不易打翻或打碎，同时还应便于使用和清洗，一般安置在兔笼壁上。群养或运动场上一般使用的长饲槽，长度为 50～100cm。笼养的家兔通常使用陶瓷食盆，其口径约为 14cm，高约 4.5cm，厚而笨重。笼养兔采用转动式或抽屉式铁皮制饲槽较为方便，每次喂料时可以不必开笼门（图 8-13）。

图 8-13　兔饲槽

（四）草架

为了方便给家兔饲喂各种饲草、菜叶等，应当设有草架。一般用木条或竹片钉成“V”字形，群养的可放在运动场或群养栏内，架的长度一般为 100cm，高 50cm，上口宽 40cm。笼养兔的草架一般固定在兔笼的前网上，也呈“V”字形，草架的内侧间隙为 4cm，外侧间隙为 2cm，可以用金属丝、竹片或木条制成（图 8-14，彩图）。

图 8-14　兔草架（左侧）和食槽（右侧）

（五）饮水器

家兔的饮水器有多种形式，可以因地制宜，根据具体条件选用合适的器具，小型兔场或家庭养兔可用瓷碗或陶瓷水盆（图 8-15），优点是清洗及消毒方便，经济实用。缺点是每一次换水都要开启笼门，水盆容易被弄翻。大型兔场可采用乳头式自动饮水器，每幢兔舍装有储水器，通过塑料管或胶皮管通至每一层兔笼，然后再用软管通向每一个笼位。这种饮水器的优点是既能防止被污染，又可节约用水，缺点是投资成本较高，对水质要求较高。这种饮水器的乳头一般都固定在兔笼上，高度要适宜，以免被粪便污染（图 8-16）。

（六）固定箱

固定箱是用来固定家兔用的，以便于打耳号、戴耳标、耳静脉注射、耳静脉采血或其他处置。固定箱可用木料、铁皮及

图 8-15　兔舍简易饮水罐

图 8-16　兔舍自动饮水器

塑料制成。使用时可通过箱子上部能自动启闭的盖子将家兔放入箱内，使之固定。固定箱的前部有一个斜面，可使家兔感到舒适而减少骚动。在斜面的上端还有一个圆孔，可让兔子的头部伸出孔外，使之固定以利于操作（图 8-17）。

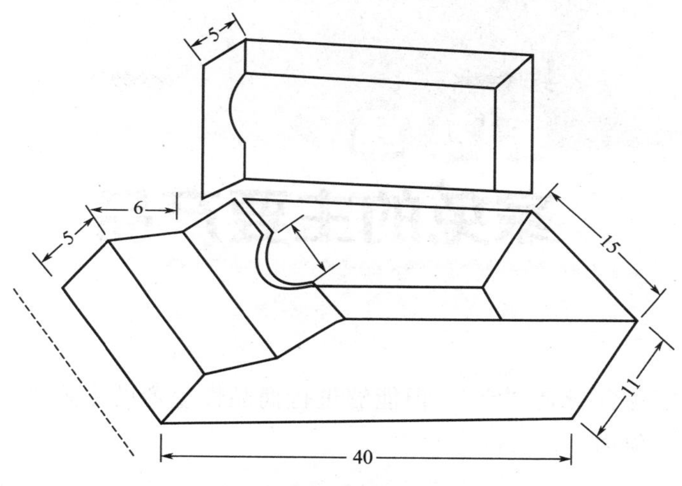

图 8-17　家兔的固定箱（单位：cm）

（七）其他设备

家兔饲养的设备还需要很多，常用的有耳号钳、保定台、体温计、拌料器、喷雾器、解剖器械、板车、粪车、刮粪板和配合饲料用的饲料粉碎机、饲料搅拌机、颗粒饲料机和青料切碎（打浆）机，以及注射器械、冰箱、消毒设备等。这些设备，根据兔场的实际情况和经济条件进行选用。

第九章 家兔的主要产品

家兔浑身是“宝”，但能够进行商品性生产的主要是兔毛、兔皮、兔肉。

一、兔毛

（一）兔毛纤维的组织学结构

兔毛纤维从形态学角度看，主要由毛球、毛根和毛干三部分组成。其中前两部分在皮肤里面，一般看不到，只有毛干才露在皮肤的外面，也就是我们平时所说的兔毛。兔毛纤维的化学结构从外到内分三层，依次为鳞片层、皮质层和髓质层。

1. 鳞片层

鳞片层在最外面，由角质化细胞组成，对兔毛起着保护作用。

2. 皮质层

皮质层是兔毛的主体，皮质层所占的比例越大，则毛纤维的物理性能越好。绒毛（细毛）的皮质层所占的比例最大，所以纺织性能最好，粗毛（枪毛）的皮质层所占的比例小，纺织性能就差。天然兔毛的色素主要沉积在皮质层中，脱色困难，故作为纺织原料的兔毛，以白色最好。

3．髓质层

髓质层处于毛干的中心，类似于动物骨骼的骨髓部分。兔毛纤维都有髓质层（这一点与羊毛不同）。髓质层对于调节兔子的体温有好处，因为其中充满着空气，冬季能减少体温的散失，夏季能减少外界热空气对兔体的侵袭，故兔毛制品保温能力强。

（二）兔毛纤维的类型

兔毛纤维按照粗细、长短、弯曲形态和髓质层的发达程度，可以将其大体分为细毛（绒毛）、两型毛和粗毛（枪毛）三种类型。

1．细毛（绒毛）

细毛是兔毛的主体，一般占兔毛纤维的90%～94%，平均细度为13～14μm。长度在三种类型中最短，有明显不规则的弯曲，该类型在兔毛中所占比例越大，则纺织价值越高。

2．两型毛

一般占到兔毛纤维的4%～6%，毛纤维本身细度不均匀，毛干的上半段无弯曲，具有粗毛特征，下半段较细且有明显的弯曲，又具有细毛的特征，故称两型毛。该类型毛纤维在粗细相接处容易被折断，兔毛衫掉毛大多数就是由于这个原因而引起的。

3. 粗毛（枪毛）

一般占到兔毛纤维的1.7%～3.4%，该类型的毛粗而长，其细度为30～120μm，无弯曲，毛质粗硬，毛干呈现两头粗中间细的形态，毛端形似矛头，故又称枪毛。从生物学角度讲粗毛属于保护毛，可以使毛被免于缠结；从纺织角度讲，粗毛可以使毛纺织品具有特殊的风格。但是，枪毛的比例超过10%，则纺织价值降低。

（三）兔毛的主要物理性能

1. 细度

细度是决定兔毛品质和价值的重要物理指标。细度决定着兔毛的可纺支数（线密度），同样重量的毛，细毛纺的毛纱长，织品就精细。

2. 长度

兔毛的长度是考核兔毛品质、分等、分级的重要依据，长而细的兔毛可作为精纺织品或作为纺织品的经线，反之，只能作为纺织品的纬线或粗纺和一般的针织品。在品质鉴定或收购兔毛时，一般均以测量绒毛丛的自然长度为标准，以“cm”为单位。

国内收购兔毛的标准，共分为5个等级、规格。

特级：纯白色，全松毛，长度在5.7cm（1.7市寸）以上，粗毛不超过10%。

一级：纯白色，全松毛，长度在4.7cm（1.4市寸）以上，粗毛不超过10%。

二级：纯白色，全松毛，长度在3.7cm（1.1市寸）以上，粗毛不超过20%。稍含能撕开、不损品质的缠结毛。

三级：纯白色，全松毛，长度在2.5cm（0.75市寸）以上，粗毛不超过20%。可带能撕开、不损品质的缠结毛。

次级：白色，全松毛，长度在2.5cm（0.75市寸）以下，或缠结、结块、变色、虫蛀、含枪毛等。

3. 伸强度

伸强度就是伸度和强度。在测量伸度和强度时，往往结合在一起进行。

（1）伸度　伸度是指将单根兔毛纤维的一端固定在仪器上，另一端进行拉伸，先使自然弯曲消失，再继续拉，直到断裂为止所延伸的那一部分长度为伸长度，伸长率以百分率表示。

伸长率＝断裂伸度/伸直长度×100%

中国安哥拉兔毛的伸长率为23.7%，低于细毛羊（30%～50%），但高于棉、麻等纤维。

（2）强度　兔毛纤维对断裂力的应力称为兔毛的强度。可以以单根纤维拉断时所用的力的大小表示，单位为“N”或“g”。如安哥拉兔毛的强度，细毛为1.8～3.1g，粗毛为7.1～22g。还可以以纤维的单位横断面积表示，用“kg/cm^2”表示。强度是兔毛纤维的重要物理指标，决定着兔毛织物的耐穿性。

4. 弯曲

兔毛的细毛每厘米的长度内有7～8个弯曲，而粗毛只有2～4个弯曲。

5. 弹性

将一团毛握紧，则兔毛的体积缩小，松开手则恢复原形，这种现象就是兔毛的弹性。恢复原形的快慢就是弹性的大小。

6. 可塑性

可塑性就是兔毛能够保持在一定湿度、温度条件下，赋予它一定形状的能力。动物毛纤维都具有这一特性，如烫熨毛料衣服、烫头发，就是利用这一特性和原理。

7. 吸湿性

兔毛从空气中吸收水分的能力，称为兔毛的吸湿性。烘干的兔毛，在自然条件下放置一昼夜，所增加的水分含量，叫兔毛的回潮率。兔毛吸收水分的多少在很大程度上取决于空气的湿度，故在雨季毛线、毛纱不能论斤卖，就是这个道理。由于吸湿性的作用，穿着兔毛衣服时不会由于出汗而使衣服紧紧粘贴在身上，不会给人以不舒服的感觉。这也就是人们喜欢兔毛衣物的原因之一。

8. 毡合性

兔毛具有较强的毡合性，绒毛含量越高则毡合性越好。洗涤兔毛衫时，洗液的温度过高或用力揉搓，都会使兔毛织物失去原形，甚至变成毡片，降低使用价值。

9. 光泽和色泽

光泽是兔毛纤维对于光线的反射性能；色泽则是指毛纤维的天然色彩。全部白色的称为“纯白色”。纯白色中也有不同差别。

洁白光亮称“洁白色”。

白中带有微红或微灰称“白色”。

比白色稍次一些的称为“次白色”。

再次一些的称为“次色毛”。

白色以外的其他色称“变色毛”。变色毛是白色毛受到其他外来因素的影响而变成黑色、灰色和其他颜色，主要是由于饲养条件不好以及兔毛管理不善造成的。

一般来说，兔毛的光泽较羊毛强，白色毛经染色后色彩鲜艳夺目。

（四）兔毛的主要化学性质

兔毛纤维是一种角蛋白，是由各种角蛋白所组成，其化学成分主要有碳、氢、氧、氮和硫 5 种元素，硫的含量约为 5%。含硫量与毛的细度有关，含硫越多，细度越细。兔毛中的含硫氨基酸 95% 是以胱氨酸的形式存在，所以在饲料中增加胱氨酸可以提高毛的产量和质量。

1. 对酸的反应

兔毛纤维的抗酸能力较强，弱酸尤其是有机酸，对于兔毛几乎没有损害，利用这一特性，可以用 4% 的稀硫酸在室温的条件下处理兔毛，可以除去兔毛之中的草屑和植物纤维（棉、麻）等。

2. 对碱的反应

兔毛纤维对于碱的反应敏感，碱对兔毛纤维有较大的破坏作用，尤其是苛性钠。如 0.01% 的苛性钠加温至 60℃ 就会破坏兔毛纤维。所以洗涤兔毛纤维织品时尽量不用碱性洗涤液。

二、兔皮

（一）兔皮的季节特征

家兔宰杀取皮的季节不同，皮板与毛被的质量也有很大差异。

1. 冬皮

冬皮是指从每年立冬（阳历 11 月）至立春（阳历 2 月）屠宰所取的兔皮。此期气候寒冷，经秋季换毛后毛被已经全部褪换为冬毛，这个时期所产的皮张毛绒丰厚、平整，富有光泽，板质足壮，富含油性，尤其是冬至到大寒节气期间所产的毛皮质量最佳。

2. 春皮

春皮是指从每年立春（阳历 2 月）至立夏（阳历 5 月）屠宰所取的毛皮。在此期间，由于气候逐渐转暖，且皮用兔正处于换毛期，此时所产的皮张底绒空疏，光泽减退，板质较差，略带黄色，油性不足，品质较差。

3. 夏皮

夏皮是指从每年立夏（阳历 5 月）至立秋（阳历 8 月）屠宰所取的毛皮。此期天气炎热，而且经春季换毛后已经褪去冬毛，换上夏毛，此时所产的皮张，被毛稀疏，缺少光泽，皮板瘦薄，多呈灰白色，毛皮品质最差，制裘价值最低。

4. 秋皮

秋皮是指从每年立秋（阳历 8 月）至立冬（阳历 11 月）屠宰所取的毛皮。此期气候逐渐变冷，且草料丰富。早秋所产的皮张毛绒短粗，皮板厚硬，稍有油性；中、晚秋皮毛逐渐丰厚，光泽较好，板质坚实，富有油性，毛皮品质较好。

（二）家兔宰杀和剥皮的方法

1. 取皮季节

皮用兔的取皮要讲究适龄、适重、适时。所谓适龄、适重，是指青年兔第1次年龄换毛后，第2次换毛前，5～6月龄时体重在2.75kg以上时屠宰取皮。此时皮张的面积符合等级要求；所谓适时就是成年兔取皮、老龄兔淘汰，应选在冬末春初，即11月至次年2月前后，此时绒毛丰厚，光泽好，板质优，毛绒不易脱落，优级皮比例大。

严禁剥取换毛期间的毛皮，这是皮用兔生产的一条戒律，换毛期绒毛长短不一，极易脱落，鞣制成熟皮时绒毛成片脱落，影响品质。判断家兔是否处于换毛期，简单的方法是用手扒开毛被，发现绒毛易脱落，有短的毛纤维长出，这就是换毛开始的表现。

2. 屠宰前的准备工作

为了保证皮张和兔肉的品质，对于要宰杀的家兔必须进行健康检查。有病的，尤其是患有传染病的兔子应隔离处理。皮用兔还要检查毛皮的质量，处于换毛期的兔子应缓期屠宰。确定屠宰后，在屠宰前要断食8h，但饮水照常供应，这样不仅有利于屠宰操作，保证产品质量，而且还可以节约饲料。

3. 屠宰方法

（1）棒击法　小型兔场零星兔子可以采用棒击法，简便易行。即左手将兔子的两耳提起，右手持圆木棒，猛击兔子的后脑，兔子立即毙命。

（2）电击法　大规模养兔场可用电击法，即用70V、0.75A电击器轻压家兔耳根，使家兔触电致死（图9-1）。

（3）颈椎错位法　农村分散饲养条件下或小规模饲养时，可用颈椎错位法处死家兔。即左手抓住家兔的后肢，右手捏住家兔的头部，将家兔的身体拉直，突然用力一拉，使得头部向后扭，颈椎脱位致死。

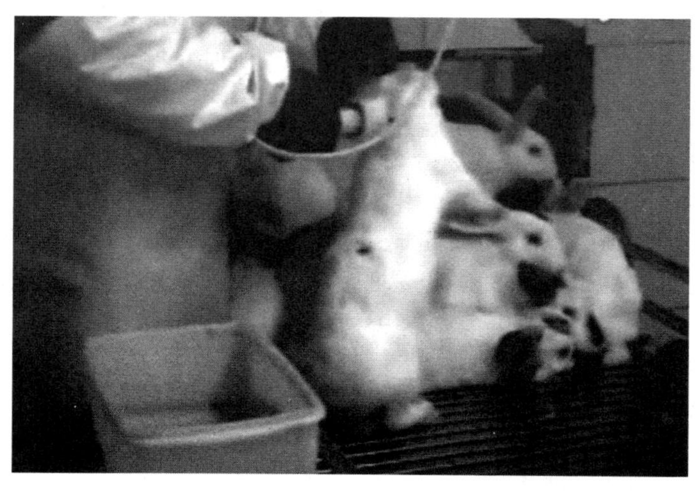

图 9-1　电击法处死家兔

此外，也可以采用灌醋法、放血法、耳静脉注射空气法。大批屠宰时常采用电击头部法或圆盘刀割头。不论哪种方法，都必须尽量避免血液污染毛皮和损伤兔皮。

兔子被击毙后，立即放血，最好把兔体倒挂，用小刀切断颈动脉，充分放血，放血时间不少于2min，当放出的血液颜色呈现淡粉红色时，肉质的保存时间最长。

4. 剥皮和鲜皮的处理

家兔被处死后应立即剥皮。剥皮前先将左后肢用绳拴起来，倒挂在柱子上，再取利刀将前肢腕关节和后肢跗关节周围的皮肤切开，再用小刀沿大腿内侧通过肛门把皮肤切开，然后用手分离皮肉，剥皮时双手紧握兔皮的腹、背处向头部方向反转拉下，犹如翻脱袜子，趁热剥皮比较顺利，一般不需要刀，最后抽出前肢，剪掉耳朵、眼睛和嘴唇周围的结缔组织和软骨，至此一个毛面向内、肉面向外的筒状鲜皮即剥下。

鲜皮剥下后，立即用剪刀剪掉皮上带下来的肌肉、筋腱、乳腺和外生殖器等，如果皮肤上附有脂肪，待兔皮冷却后用小刀从后臀部向头部顺序刮下，防止脂肪酸败、霉烂、毛根脱落等缺陷的出现。除去皮肤肉面附着的脂肪后，将皮筒按自然状态沿着腹中线剪开，使筒皮成为开片皮。然后，进行防腐处理。也有用开膛破肚方法屠宰家兔的。

5. 屠体处理

屠宰剥皮后，剖腹净膛，先用刀切开耻骨联合处，分离出泌尿生殖器官和直肠，然后沿腹中线切开腹腔，除肾脏外，取出所有的内脏器官。在前颈椎处割下头；在跗关节处割下后肢；在腕关节处割下前肢；从第一尾椎处割下尾巴。最后用清水清洗屠体上的血迹和污物（图 9-2）。净胴体可作为白条出售；取出的内脏可作为副产品收集进行综合加工利用。

图 9-2　家兔屠体的处理

（三）鲜兔皮的防腐处理

刚从家兔身上剥下来的生皮叫鲜皮，也叫血皮。鲜皮主要由蛋白质构成，含有大量的水分，是各种微生物的优良培养基，如果不及时加工处理，就可能腐败变质，影响毛皮质量。

1. 防腐的基本原理

防腐的基本原理就是人为地创造出一种不适合于细菌繁殖和抑制酶活性的环境条件，达到防腐的目的。

2. 防腐的方法

在生产实践中常采用的防腐方法有干燥法、盐腌法、盐干法和酸盐法等。几种方法各有其优缺点和适用范围，在生产中可根据实际情况灵活选用。

（1）干燥法 干燥防腐的实质是利用干燥条件除去鲜皮中的大量水分，造成不利于细菌繁殖的环境，而达到防腐的目的。利用本法处理的生皮，称为“淡干皮”。干燥时一般采用自然晾干。操作的方法是将鲜生皮按自然皮形毛面向下，皮板朝上，平摊在木板或草席上，置于阴凉、干燥通风处，任其自然干燥。切忌烈日暴晒，也不能放在潮湿的地面上或草地上，也要防止雨淋和被露水打湿，以免影响水分的蒸发。干得过慢不利于抑制细菌的有害作用，容易导致生皮全面变质。干得过快，会使表层变硬，造成皮内干燥不均，甚至会使皮层内的蛋白质发生胶化，在浸水时易发生分层现象（图 9-3）。

（2）盐腌法 是利用食盐高渗防腐，应用此法比较多见。其防腐原理是利用食盐夺去（吸出）皮肉中多余的水分，并造成高渗的氯化钠环境，起到抑制细菌繁殖的作用；同时利用食盐中的钠离子与蛋白质活性基结合的特性，达到防腐的目的。盐腌法有干腌和湿腌两种方法。前者是将清理沥水后的鲜生皮，毛面向下平铺在垫板上，在肉面均匀地撒布食盐，厚的部位多撒，薄的部位少撒，一张皮处理好后再在其上铺另一张皮，做同样的处理，这样层层堆积，最后堆高 1～1.5m 皮垛，放置 5 天左右；后者是将鲜生皮放入 25%～35%的盐溶液中

图 9-3　兔皮的晾晒

浸泡 1 昼夜，沥水 2h 后进行堆垛，在堆垛过程中再撒约为皮重 25%的干盐。另外，在食盐中加入盐重量 4%的碳酸钠，可以预防盐斑的出现。

（3）**盐干法**　盐干法是盐腌与干燥相结合的一种方法。即先进行盐腌，再放在通风干燥处自然干燥。其特点是防腐能力强，而且避免了生皮在干燥过程中容易发生的硬化、龟裂等缺陷。

（4）**酸盐法**　酸盐法是先将食盐 85%，氯化铵、明矾各 7.5%，配制成防腐粉剂。再将防腐粉剂均匀地撒在毛皮的肉面并稍加揉搓，然后，毛面向外折叠起来堆放 7 天左右。

（四）家兔皮的规格等级

1. 加工要求

宰剥方法适当，皮形完整，开成片皮，平整晾干。

2. 规格等级

皮用兔毛皮的品质优劣主要依据皮板面积、皮板质地、被毛长度、被毛密度和毛皮色泽等来评定。一般按照中华全国供销合作行业标准（GH/T 1028—2002）的分级标准与规格来进行如下分类。

特等皮：具有一等皮的毛质，面积在 $1400cm^2$ 以上。

一等皮：毛绒丰厚、平顺，面积在 $1200cm^2$ 以上。

二等皮：毛绒略空疏、平顺，面积在 $1000cm^2$ 以上。

三等皮：毛绒空疏或欠平顺，面积在 $800cm^2$ 以上。

等外一：具有一、二等皮毛绒特点及面积，带有各种伤残缺点，但不超过全面积的 30%；或具有一、二等皮毛绒，面积在 $444cm^2$ 以上；或毛绒略差于三等皮而无伤残的。

等外二：不符合等外一要求，但有一定制裘价值者均属于等外二。

无制裘价值的光板和幼兔皮酌情收购。

3. 说明

① 带轻微伤残或颈部及边肷空疏的，不算缺点。伤残严重的酌情降级。

② 量皮方法是从颈部缺口中间至尾根量其长度，选腰间中部位置量其宽度。长宽相乘，求出面积。

③ 长毛兔皮，毛长在 3.3cm 以上按家兔皮等外一评价，不足 3.3cm 按等外二评价。

（五）影响家兔皮品质的主要因素

1. 剥皮季节

冬皮品质最佳，毛长绒厚，色泽光润，板质厚实；春皮质量较次，因为正处于换毛季节，毛长而稀疏，底绒空疏，毛面不整齐，皮板带红色；秋皮虽然皮板稍厚，但毛短而空疏，皮质亦不理想；夏皮质量最差，皮板厚而硬，呈暗黄色，毛短而粗硬，底绒空疏，使用价值低。

2. 品种遗传性

不同的家兔品种，兔皮的质量差别较大，如獭兔被毛具有多种天然色彩，色彩鲜艳夺目，绒毛密而短，针毛（粗毛）不露出毛面，毛面平顺；皮板组织致密，韧性好，保温力强。青紫蓝兔皮的被毛与珍贵的毛丝鼠皮相似，每根毛有五段颜色，板质亦佳。中国白兔皮的毛色纯白，毛短密，皮张厚但面积较小。

3. 宰剥年龄

一般来讲，成年兔的兔皮比幼龄兔的兔皮质量好，但品种不同，适宜剥皮年龄也不同。如獭兔 6～6.5 个月时毛皮质量较好。体重达到 3kg 时，年龄较大、生长慢的兔子要比年幼和生长快的兔子的皮要好。肉用兔的适宰年龄（3.5～4.5 个月）对肉质来说具有优良特性，但皮的品质较差，最好能二者兼顾。

4. 饲养管理

饲养管理粗放，笼舍清洁卫生不好，被毛被粪尿污染，会呈现尿黄色，白色被毛尤甚。有的由于管理不善，兔子撕咬严重时，也会影响兔皮的质量。

（六）兔皮鞣制技术

兔皮目前以制裘皮为主，制革为辅。制裘皮的兔皮，以毛绒丰富、平顺为主。鞣制兔皮的目的是改变皮板干后变硬的缺点，使之柔软而有韧性。兔皮鞣制的程序一般是去除皮张脂肪、血污及残留的肌肉→浸水回软→脱脂→鞣制→整理。现在介绍一种兔皮的简易鞣制方法。

1. 洗涤和清理

把新鲜兔皮平铺在板上，用刀刮去肌肉及脂肪和血污，特别是要把脂肪刮净。陈旧和放干的兔皮要放在清水中浸泡24h，再进行清理。清理完毕后，将兔皮翻转，使毛面向上，用35～40℃的温热肥皂水或碳酸氢钠溶液泼在毛上，用手掌顺毛、逆毛反复拭刷，一面刷一面泼。洗净后将兔皮在清水中漂洗，同时洗刷皮板的肉面，漂洗干净后，晒至不滴水即可制裘。

2. 酸液浸泡

将兔皮的毛面对叠（毛面对毛面），使皮板向外浸泡在5%的硫酸溶液中，要浸没兔皮，每隔4～5h翻动1次。8～10h后，构成皮板的胶原纤维在酸性溶液中膨胀，使皮板变厚、面积缩小。撕拉一下边角处的皮下疏松组织，如果很容易撕下即说明浸泡时间已够。用酸浸泡兔皮不会对毛有损害，因为兔毛的抗酸性很强。将兔皮在清水中泡洗一下，晒至不滴水为止。

3. 皮板硝化

目前农户少量鞣制时采用硝面鞣制法较多，大规模工厂化鞣制时常常采用铝-铬鞣制、铬-醛鞣制等。下面介绍一下农户家庭简易鞣制技术。

农户家庭鞣制兔皮用的主要药剂是皮硝，皮硝也叫芒硝，就是粗制的硫酸钠，各药店均有售。硝面鞣制液的配制：将20%的皮硝、25%的糯米粉或大米粉加入水中，即1000ml水中加入皮硝200g、米粉250g和匀。米粉切不可用面粉代替，面粉虽然也能发酵，但会粘在兔毛上，硝皮后不容易拍掉。盛皮的缸要有盖子，或用塑料薄膜扎口，以免兔皮发霉，皮入硝后，每天要翻动1次，使缸内温度均匀。皮硝会慢慢地渗入膨胀的胶原纤维中。把兔皮放在盛有硝面鞣制液的缸中浸泡，硝皮时间一般为3周左右，取出一小片边角，除去涂料，在边角料干至七八成时，用力前后左右反复拉搓，如果皮下组织发白变松说明已经吃透，即可将整张兔皮上的硝面全部除去（硝面可以再次利用）。兔皮晾至八成干后，用手从各方向拉搓兔皮，以改变胶原纤维之间的位置关系，直至皮张恢复至原来大小和皮下疏松组织发白起绒为止。将兔皮晾至全干，拍净皮板，梳理被毛，就制成了一张柔软、光洁的兔皮。

在整个鞣制过程中特别要注意，兔皮在酸溶液中浸泡时间不宜过长；皮张只宜风吹晾干，不能曝晒；不能待皮板全干后再拉搓，这是一个技术关键环节。如果皮板已经干透发硬，可以将兔皮夹在两层湿毛巾中，1h后皮板还潮，就可以拉搓了。

三、兔肉

兔肉是很受追捧的肉类食品之一，在欧美一些国家已成为肉食的主要补充来源。近年来国外大兴吃兔肉风，除了兔子繁殖快，饲养成本低，价钱便宜之外，据说它还是胖人和心血管病患者的理想肉食。一些国家的妇女把兔肉称为“美容肉”，是因为食用兔肉不易使人变胖，能使她们保持苗条的体形。兔肉营养丰富，肉质细嫩，味美香浓，久食不腻。从营养学上分析，它是一种高蛋白、低脂肪、高磷脂和低胆固醇的肉类食品。兔肉中富含卵磷脂，有保护血管、预防动脉硬化的作用。兔肉易于消化，平均消化率为85%，比其他肉类高，而且是慢性胃炎、胃溃疡及十二指肠溃疡、结肠炎患者的理想肉食。兔肉中还含有多种维生素、无机盐和人体必需的氨基酸，尤其是人体最易缺乏的赖氨酸、色氨酸等，在兔肉中含量较高。据测定，肉兔瘦肉率高达70%。肉中蛋白质达21%。常吃兔肉还能抗衰老和起到保健作用。对老人有延年益寿之效，可强身健体，堪称是食疗保健佳品。中医学证明，兔肉味甘性凉，具有补中益气、止渴健脾、滋阴养血和解毒之功效。

1. 兔肉的特点

肉兔的肉质细嫩，营养丰富，味道鲜美，具有高蛋白、低脂肪、低胆固醇的独特优点，是集“保健、益智、美容”为一体的高级肉食品。食用兔肉正在成为越来越多注重保健的人的选择，成为一种新兴的饮食风尚。

人们为了获得最好的养殖效益，已经选育出很多出肉性能好、抗病力强的、饲养经济效益较高的肉兔品种，并逐渐推广开来，得到养殖户的认可。

2. 几种兔肉美食的烹饪技术

家兔为草食性动物，兔肉的价格便宜，而且肉的品质别有风味，富含营养，是一种非常好的食材。现在介绍几种以兔肉为主料的美味佳肴。

(1) 生炒兔肉

原料：净兔肉500g，胡萝卜25g，青椒25g，鸡汤200g，料酒20g，精盐4g，白糖4g，味精3g，胡椒粉1g，葱、姜、蒜末各8g，植物油30g，鸡油10g，水淀粉5g。

制作：① 将胡萝卜、青椒分别洗净切成象眼片。兔肉洗净剁成块，下入沸水锅中焯透捞出。

② 锅内加植物油烧热，下入葱末、姜末、蒜末炝锅，烹入料酒，加鸡汤、精盐、白糖，下入兔肉块煸炒，将兔肉炒至八成熟，再下入胡萝卜片煸炒。

③ 待兔肉熟烂后，下入青椒片、胡椒粉炒开，加味精，用水淀粉勾薄芡，淋入鸡油，出锅装盘即可（图 9-4，彩图）。

图 9-4　生炒兔肉

特点：色泽美观，清淡爽口。

（2）红烧兔肉

原料：净兔肉 500g，料酒 10g，酱油 15g，糖色 10g，白糖 10g，精盐 4g，味精 3g，葱段 25g，姜片 20g，八角 5g，桂皮 5g，油 40g，鸡油 10g，鲜汤 500g，水淀粉适量。

制作：① 将净兔肉洗净剁成块。锅内加水烧开，放入兔肉块焯透捞出。

② 锅内加油烧热，放入葱段、姜片炸香，烹入料酒，加酱油、鲜汤、精盐、白糖、糖色，放入兔肉块、八角、桂皮、鲜汤，烧开，至肉烂汤浓。

③ 加味精，用水淀粉勾薄芡，淋入鸡油，出锅装盘即可（图 9-5）。

图 9-5 红烧兔肉

特点：色泽红亮，软烂可口，味鲜微甜。

（3） 干炸兔肉

原料：净兔肉 300g，鸡蛋 1 枚，面粉 20g，淀粉 40g，料酒 10g，精盐 3g，胡椒粉 1g，味精 2g，葱姜汁 10g，五香粉 1g，油 800g，花椒水 5g，椒盐适量。

制作：① 将兔肉洗净切成小块，放入盛器中，用料酒、精盐、胡椒粉、味精、葱姜汁、五香粉、花椒水腌渍入味。

② 打入鸡蛋，放入淀粉、面粉抓匀。

③ 锅内加油烧至五成热，下入挂糊的兔块，炸透至外脆，呈金黄色捞出装盘即成。食用时蘸椒盐。

特点：色泽金黄，外脆里嫩，干香味美。

（4） 京酱兔肉

原料：净兔腿肉 300g，大葱 100g，甜面酱 25g，姜丝

10g，鸡蛋1枚（取蛋清），淀粉30g，料酒10g，精盐3g，味精3g，白糖3g，鸡汤60g，植物油500g，香油10g，香菜段10g。

制作：① 将大葱切成4cm长的丝，铺在盘内。净兔腿肉洗净切成条。

② 兔肉条放器皿中，用精盐2g、味精1g腌渍入味，加入淀粉25g，蛋清抓匀上浆。锅内加植物油烧至四成热，下入兔肉条滑散至熟倒入漏勺。

③ 锅内留底油20g，下入姜丝炝锅，放入料酒、甜面酱、鸡汤烧开，加白糖及余下的精盐、味精烧开，用淀粉5g勾薄芡，下入兔肉条翻炒至匀，淋入香油，出锅盛在盘内葱丝上，放入香菜段即可（图9-6）。

图9-6　京酱兔肉

特点：色泽红润，滑嫩爽口，葱香浓郁。

（5）酱兔

原料：净兔1只，料酒30g，酱油100g，精盐10g，白糖15g，葱段30g，姜块20g，八角10g，桂皮6g，花椒5g，陈皮15g，小茴香5g，丁香3g，香叶2g，鸡汤2kg，味精2g。

制作：① 将宰杀整净的家兔用绳将两头扣在一起系上。锅内加水烧开，放入家兔焯透捞出。

② 锅内放入鸡汤，加料酒、酱油、白糖、精盐、葱段、姜块、陈皮、八角、桂皮、花椒、小茴香、丁香、香叶熬开，放入焯好的家兔，用小火卤煮至熟烂出锅。

③ 将卤好的家兔改刀后装盘。将卤汁200g烧开，加味精炒浓浇在兔肉上即可。

特点：色泽美观，香浓味美。

（6）熏兔

原料：净兔1只，茶叶15g，白糖25g，料酒、酱油各50g，精盐、八角、桂皮各10g，花椒8g，陈皮6g，香叶4g，小茴香3g，香油15g，葱段25g，姜块20g，清汤2kg。

制作：① 将宰杀整净的家兔用细绳将两头扣在一起系上，放入沸水中烫净血污捞出。

② 锅内加清汤，放入料酒、酱油、精盐、白糖、花椒、八角、桂皮、陈皮、香叶、小茴香、葱段、姜块熬开，然后放入烫好的家兔，煮至熟烂捞出，沥去汤汁。

③ 熏锅内放入白糖10g、茶叶，放上熏箅，然后放入家兔，盖严，将锅上火烧至冒黄烟，离火3min取出，刷上香油即可（图9-7，彩图）。

特点：色形美观，酥烂脱骨，熏香浓郁。

（7）香菇兔煲

原料：净兔半只，水发香菇75g，沙茶酱30g，料酒15g，

图 9-7 熏兔

酱油 10g，精盐 3g，味精 2g，胡椒粉 1g，鸡精 3g，肉汤 600g，葱段 20g，姜片 15g，八角 5g，油 40g，鸡油 10g，白糖 3g。

制作：① 将香菇洗净抹刀切成两半。兔肉洗净剁成块，下入沸水锅中焯透捞出。

② 砂锅内加入肉汤烧滚，放入兔肉。

③ 锅内加油烧热，放入葱段、姜片、八角炸香，烹入料酒，放入沙茶酱炒开，倒入砂锅内继续炖。

④ 待兔肉炖至八成熟时，放入香菇，炖至熟烂，加酱油、精盐、鸡精、味精、胡椒粉，淋鸡油即成（图 9-8）。

特点：兔肉酥烂，香菇味香，咸鲜味美。

（8）兔肉炖木耳

原料：净兔肉 450g，水发木耳 50g，猪肉 50g，料酒 10g，葱段 20g，姜片 15g，精盐 4g，味精 3g，胡椒粉 1g，白糖 2g，

图 9-8　香菇兔煲

猪油 40g，鸡油 10g，鸡汤 600g。

制作：① 将木耳撕成片洗净。猪肉洗净切成厚片。兔肉洗净剁成块，入沸水锅中焯透捞出。

② 锅内加猪油烧热，下入猪肉片炒至变色，再放入葱段、姜片炒香，烹入料酒，加鸡汤，下入兔肉块、精盐、白糖烧开，用小火慢炖。

③ 待兔肉炖至七成熟时，下入木耳，继续炖至熟烂，加味精、胡椒粉，淋鸡油，出锅装盆即成。

特点：黑白分明，肉烂汤鲜，爽脆可口。

（9）荷叶兔

原料：净兔 1 只，荷叶 3 张，料酒 75g，酱油 100g，葱段 30g，姜块 20g，十三香粉 5g，精盐 10g，白糖 40g，花椒 5g，八角 6g，桂皮 5g，香叶 3g，丁香 3g，香料包（内装有草果 5g、砂仁 3g，山柰 5g、白芷 4g、甘草 3g、小茴香 4g）2 个，香油 20g。

制作：① 将兔洗净，两头用绳扣在一起系上，入沸水锅中焯透捞出。

② 将葱段、姜块拍碎，入沸水锅中，加入料酒 25g、酱油 30g、十三香粉、精盐 5g、味精拌匀，涂抹在家兔全身体表及膛内腌渍入味。

③ 将系好的家兔放在荷叶上包起来，用绳子捆好。

④ 锅内加水，放入余下的料酒、酱油、精盐和白糖、花椒、八角、桂皮、香叶、丁香、香料包烧开。然后放入用荷叶包好的兔子，用小火卤煮 8h 取出，去掉荷叶，刷上香油即成（图 9-9）。

图 9-9　荷叶兔

特点：色泽美观，味道咸鲜。

兔病防治

兔病是养兔生产的大敌，若饲养管理不当，或遇兔病流行，则会发生成批成群地死亡。在欧美一些国家，兔病造成的损失占养兔生产损失的20%～25%。我国近几年来随着养兔业的迅速发展，兔病也成了养兔生产中急需解决的难题。从某种意义上来说，养兔业能否持续发展，在很大程度上取决于对兔病控制的程度。

一、兔病的预防

兔是小型的草食性动物，对疾病的抵抗力较差，尤其是在幼兔阶段，常常感染各种疾病，影响兔的生长发育，甚至造成大量死亡，给养兔户带来很大的损失。

传统养兔重治疗轻预防，为了改变这种状况，我们应该做到以预防为主，淡化治疗，优化兔群，最大限度地减少疾病的发生。

做到“五不治”的原则。

① 无法治愈的病兔不治。

② 治疗病兔费用高的不治。

③ 治疗费时费工的不治。

④ 治愈后经济价值不高的不治。

⑤ 传染性强的不治。

一旦发现病兔要及时作出正确的诊断，该淘汰的就淘汰。

（一）消除病原体

兔场要加强平时的预防工作，采取综合性的防制措施，从各方面堵塞发病的漏洞，以保证兔群的发展。

1. 兔场应严格执行兽医卫生规定

外来人员未经有效消毒，不能入内。从外地购入的种兔，需要经过兽医检疫，确认无病，并进行隔离观察一段时间（一般为 1～2 周），确定无病后，方可混入兔群饲养。

2. 防止病从口入

饲料必须来自于非疫区，饮水最好饮用井水或经过消毒的自来水，以免食源、水源污染引起疾病流行。

3. 兔舍要保持良好的通风

保持空气流通，是减少某些病原微生物的非常有效的方法，在空气流通的兔舍，呼吸道疾病的发生相对较少。

4. 保持环境清洁

要及时清扫笼舍和勤换产仔箱的垫物，并定期对饲养工具、笼舍、产仔箱等进行消毒，门口设置消毒池对出入人员及车辆进行消毒，是大大减少环境病原体的有效措施（图 10-1，彩图）。

图 10-1　兔场大门口消毒池

（二）增强兔体的抵抗力

保持兔舍的清洁卫生，可以清除病原微生物，给家兔创造适宜的生活环境，有助于增强兔体的抵抗力。进行科学饲养，是使家兔保持强健体质的重要条件。家兔缺乏维生素或必需的微量元素等，可使家兔体内的代谢紊乱，产生相应的缺乏症。

对于某些传染病的预防，除了采取上述措施之外，还应定期注射相应的疫苗，以增强免疫能力，有效地抵抗侵入的病原体。

（三）防止误食有毒物质

有毒物质主要来源于三个方面。

1. 青饲料被农药污染

喷洒了有机磷或有机氯农药的蔬菜，被农药污染的田间杂草等，在毒性还没有消失时即用来饲喂，都有可能导致家兔中毒。

2. 饲料变质

饲料受潮发霉变质后，黄曲霉菌等大量繁殖，可产生毒性非常强的物质——黄曲霉毒素，故给家兔饲喂发霉的饲料会发生严重的中毒，引起大批死亡。

3. 驱虫药使用不当

家兔对于敌百虫等驱虫药较为敏感，无论外用或内服驱虫，用量偏高均可引起中毒。

（四）科学的饲养管理

家兔是食草小动物，饲料应以青饲料为主，适量搭配精料，但要注意营养全面、比例适当，不要喂腐烂变质和带有泥土的饲料，从枯草期向青草期过渡的时候，不要让家兔一次性采食过多的豆科青草，以免引起膨胀和消化不良。

1. 环境条件的控制

家兔对温度、湿度、空气流通的变化很敏感，这种变化超过一定的范围，会导致家兔患病。在冬季主要保暖，特别是对幼兔更应如此。冬季门窗紧闭，兔舍中各种有害气体的浓度过大，在晴天暖和时应及时打开门窗，使空气流通。夏季天气炎热的地区要做好防暑降温，由于高温高湿，尤其是幼兔很容易发病。除了做好药物预防外，还要注意饲料、饮水和环境卫生，兔舍、笼具要及时打扫、清洗，定期消毒，清除出的粪便和污物要堆积发酵，经过1个月左右才能作为肥料用，防止传播疾病。

2. 分群管理，适当运动

兔群应按照年龄大小、性别和生产性能等情况及时分群，这样就不会发生强弱相欺、吃食不均和发育不良的情况。断奶仔兔与成年兔及时分群，可减少感染球虫的机会。此外，兔应进行适当的运动，以促进兔的生长发育，增强兔体的抗病力。

（五）兔病的防疫措施

1. 检疫

为了防止传染病的侵入，只能从未发病的种兔场引进种兔，这些兔场应按照规定进行检疫，凭借合格的检疫合格证明书才能出场。对于从外地调入或购买的家兔要隔离饲养1～2周后，确认健康无病才可以混合饲养。如果发现有传染病的家兔，要及时采取扑灭措施。

2. 隔离封锁

在发生传染病时，必须仔细检查所有的家兔，根据检查结果把家兔分成单独兔群，区别对待。

在彻底消毒的情况下，把有明显症状的家兔单独隔离在原来的场所，并由专人饲养，严格护理和观察治疗，兔场的入口处要设置消毒池，出入的人员都要消毒。如果只有极少数的家兔患病，为了迅速扑灭疫病，节约人力和物力，可以扑杀病兔。但是，与病兔或污染环境有过接触的，如同群、同笼、同一运动场等的家兔，有可能处在潜伏期，并有排出病原体的危险，要另地看管，限制其活动，严加观察。有条件时可进行预防性治疗，出现症状时可按照病兔处理。如果1～2周后不见症状，可取消限制。

对于那些无任何症状，一切正常的假定健康兔，并且与病兔、疑似兔无明显接触的，应分开饲养，必要时可转移场地。

此外，对于污染的饲料、垫草、用具、兔舍和粪便进行严格的消毒，妥善处理死兔的尸体，如对病兔尸体进行焚烧深埋（图 10-2，彩图）。在整个封锁期间禁止有场内的兔及产品外运，也禁止其他畜牧场的人员来往及参观。

图 10-2 病兔尸体焚烧

当传染病被扑灭后，经过 2 周，不再发现病兔时，才可以解除封锁。

（六）家兔常用的给药方法

1. 注射法

根据注射部位不同，可有以下几种方法。

（1）皮下注射法（ih） 选择皮肤松弛、容易移动的部位进行皮下注射，多选择兔的耳根后部和兔的腹内侧。注射时，在注射部位剪毛后，用酒精或碘酒消毒。用左手提起皮肤，呈三角形，右手沿着三角形的基部刺入针头进行注射，如果有小泡鼓起，证明确实注射在皮下。然后拔出针头，用酒精棉球压迫针口，片刻即可（图 10-3，彩图）。

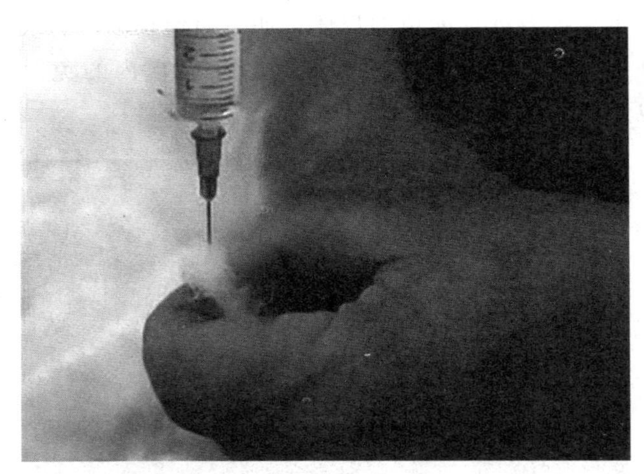

图 10-3 家兔皮下注射方法

（2）肌内注射（im） 选择肌肉丰满的大块部位，一般选择在兔的臀部、大腿部。先用剪毛剪剪毛，用酒精消毒后，左手固定注射部位皮肤，迅速将针头刺入肌肉，稍微回抽，无血液时即可注入药液。注意不要刺伤血管和神经。抗生素类药物大多采用肌内注射（图 10-4、图 10-5，彩图）。

（3）静脉注射（iv） 可以选择两耳外缘的耳静脉，先进行消毒，再用左手固定耳朵，右手持注射器，针头的斜面向上，与耳静脉大约呈 30°角，准确地刺入血管，看见有回血时，即可把药液缓慢注入。注射完毕后，用酒精棉球压住针口片刻，防止针口出血。静脉注射时，绝对不能有气泡，否则会引起血管栓塞，造成家兔死亡（图 10-6、图 10-7，彩图）。

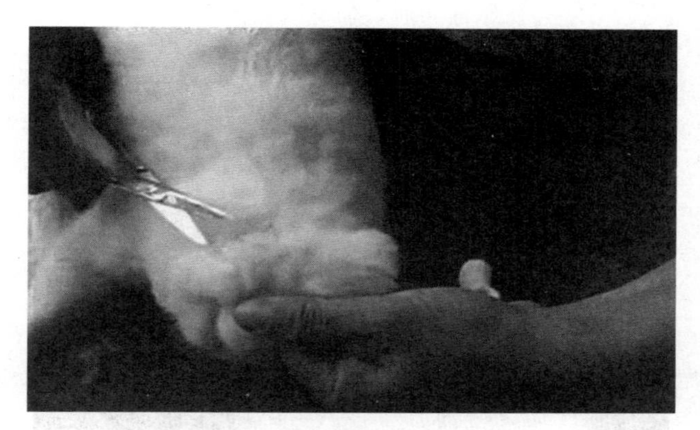

图 10-4　注射部位剪毛

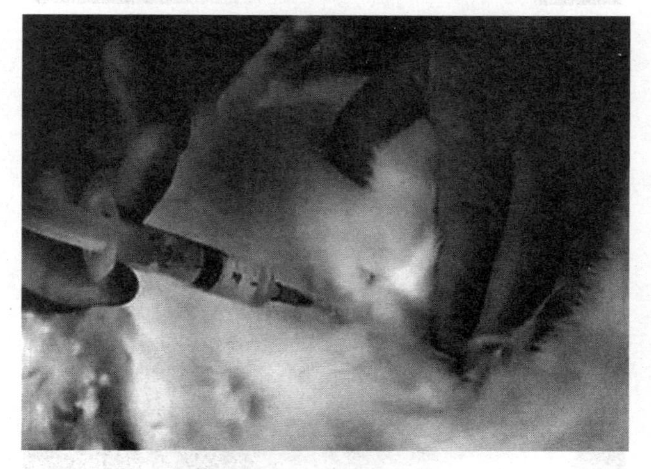

图 10-5　兔肌内注射

2. 口服法

一般在病情较轻，有饮食欲望、药量少、而且药物没有特殊气味的情况下使用。可把药物拌入料中，或加在饮水中，让病兔自由采食。如果病情严重不能采食或药物味道较重时，可用汤匙灌服。也可用插胃管的方法或用注射器进行灌服。为了

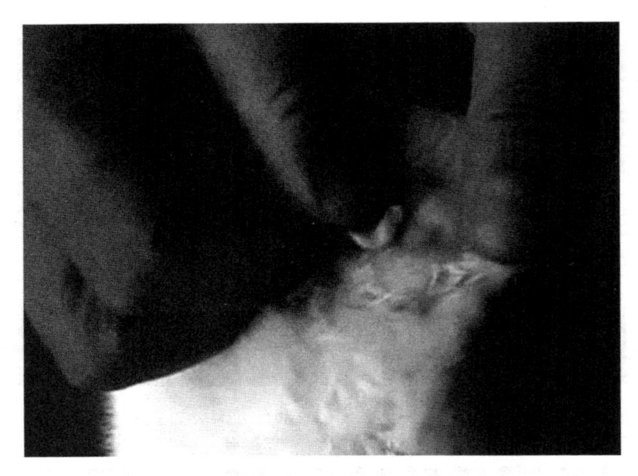

图 10-6　耳静脉注射前兔耳壳的消毒

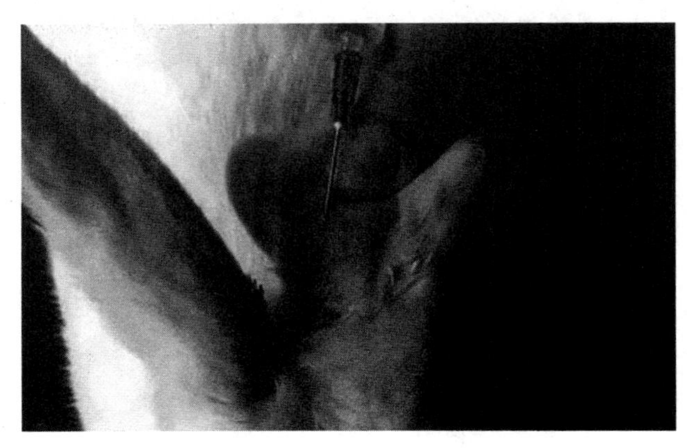

图 10-7　家兔耳静脉注射

防止引起吸入性肺炎，灌服时速度不要太快，应让家兔慢慢吞咽（图 10-8～图 10-10，彩图）。

3．灌肠法

当家兔发生便秘、毛球病等，采用口服和注射方法的效果

图 10-8　家兔喂服给药

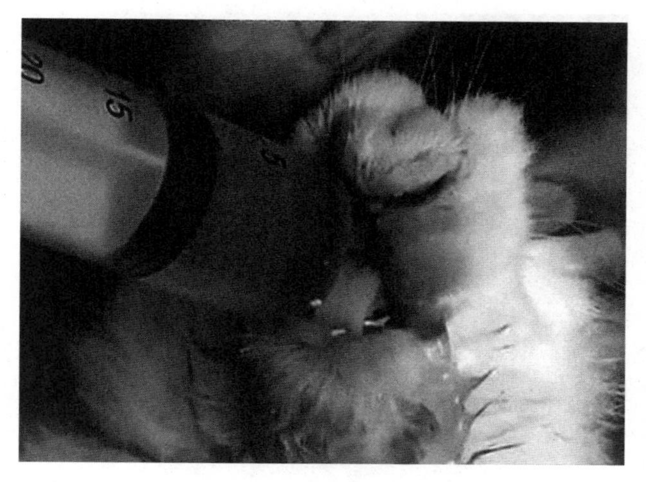

图 10-9　注射器口服给药

都不理想时，可以采用直肠灌入法。治疗时，将兔固定，用粗细适宜的橡皮管，前段涂抹上润滑油或凡士林，插入肛门 3～6cm 深，用注射器把药液注入直肠，药液的温度要接近体温，

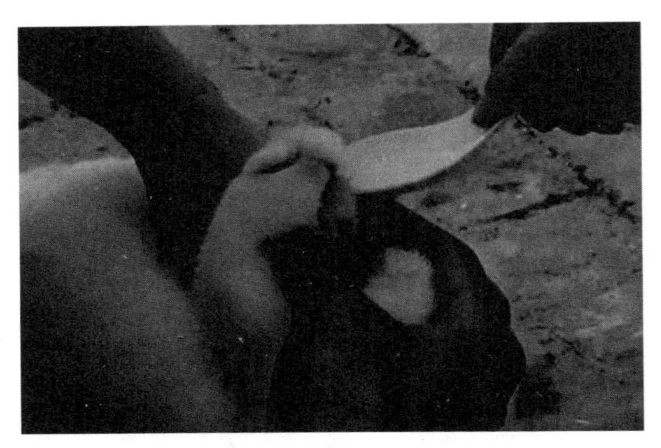

图 10-10　家兔汤匙给药

不要过冷或过热（图 10-11）。

图 10-11　家兔直肠给药

（七）养兔常用的药物

1．青霉素

治疗鼻炎、肺炎、李氏杆菌病、膀胱炎、乳腺炎等。按照每千克体重1万～2万U肌内注射，每日2次，连用3～5天。如果是治疗鼻炎，可与链霉素联合使用，按照每毫升注射用水各加2万U，混合滴鼻。

2．链霉素

治疗出血性白血病、李氏杆菌病、鼻炎、黏液性肠炎和膀胱炎等。按照每千克体重1万U肌内注射，每日2次，连用3～5天。

3．氯霉素

治疗鼻炎、肺炎、支气管炎、坏死杆菌病和副伤寒等。按照每次0.125g内服或肌注，每日2次。

4．四环素

治疗巴氏杆菌病、大肠杆菌病等。按照每次0.125g内服，每日2次。

5．磺胺嘧啶

治疗肺炎、副伤寒、腹泻和出血性败血症等。按照每千克体重0.1g内服，每日2次，连用3～5天。如果与磺胺增效剂按5∶1的比例混合共服，效果更好。

6．阿司匹林

治疗感冒等。每次0.5片，日服2次。

7．大黄素大片

治疗伤食和肚胀等。每次服1片，日服2～3次。

8. 人工盐

治疗便秘、消化不良等症。大兔每只服 5～6g，幼兔减半。加温水 20ml 溶解后内服。连用 2～3 天。

9. 痢特灵

治疗黏液性肠炎、腹泻等。每次服 20～30mg，日服 2 次，连用 2～3 天。

10. 氯苯胍

用于各种类型球虫的防治。预防量以 50mg/kg 的比例混入饲料中或按照每天每千克体重给药 10mg，连服 40～60 天。治疗则加倍量拌入饲料，连用 14 天。

11. 氨丙林

用于各种球虫病的预防。以 250mg/kg 体重混入饲料中，连服 3～5 天，以后以 100mg/kg 体重混入饲料中，连喂 1～2 周。

12. 敌百虫

用于治疗兔疥癣和杀灭兔虱、跳蚤。配成 2%的溶液涂擦于患部，每日 3 次。如果患部的面积太大，要分片涂擦，以防中毒。

13. 来苏儿

一般配成 3%～5%的溶液，用于兔舍、兔笼的喷雾消毒以及用具、排泄物、器械等的消毒。对皮肤有一定的刺激和腐蚀作用。

14. 氢氧化钠

对细菌、病毒、芽胞都有较强的杀灭作用，对寄生虫卵也有杀灭作用。常常配成1%～2%的溶液或1%～2%的溶液添加5%生石灰，消毒被病原微生物污染的兔笼、兔舍、场地和用具。消毒时，应将病兔抓出兔笼、兔舍外，并间隔半天，用水冲洗地面、用具后，再放入家兔。

（八）兔病的临床检查

诊断家兔的疾病，要对兔进行全面的检查和仔细观察，以期及早发现病情，分析发病原因，及时采取防治措施。对家兔的检查方法，概括起来是看、摸、听、测等几个方面。

1. 看

看眼神、口、鼻、耳色、食欲、粪形、粪色、毛色以及活动情况。健康兔食欲旺盛，饲喂时有吃食的愿望，饲喂的饲料可以在15～30min内吃完。行动活泼，眼神明亮，眼角干燥，口鼻清洁，耳色粉红，耳壳内洁净。粪球圆粒形，豌豆大小，圆润有弹性，内含青草纤维，表面光滑平整。毛浓密有光泽。

病兔行动呆滞，精神不振，喂料前不活动，给料后不吃或少吃，饮水量增加。兔眼有潮湿的黏液，鼻污口湿，耳色过红或过青。粪球湿润如泥样，可能患肠胃病，恶臭可预示着伤食，稀薄如糊可能是腹泻，稀薄带有透明胶状物并恶臭为痢疾，粪球干硬而细小为初期便秘，量少或无粪为严重便秘。兔毛散乱无光泽，多为慢性消耗性疾病。

2. 摸

摸兔的肥瘦，腹部有无肿块，脉搏是否正常。膘好的兔背肉肥厚，瘦兔脊背结节突出。脉搏可用手掌托在兔左腋下检查，健康成年兔为 80～100 次/min，幼兔为 100～150 次/min。

3. 听

听兔的呼吸是否正常，有无杂音。健康成年兔的呼吸为 20 次/min，幼龄兔为 40 次/min。

4. 测

测就是测量兔的体温，看兔的体温是否正常。兔的正常体温为 38～39℃，仔兔略高，成年兔略低。

检查体温的方法：可用人用的体温计。先把家兔抱住，把体温计夹在兔的两前肢之间，3min 即可读数。也可将兔保定好，将人用温计插入家兔的肛门中。如果家兔的体温高于正常体温，多是发生了急性传染病，体温低于正常体温，可能是贫血病等（图 10-12，彩图）。

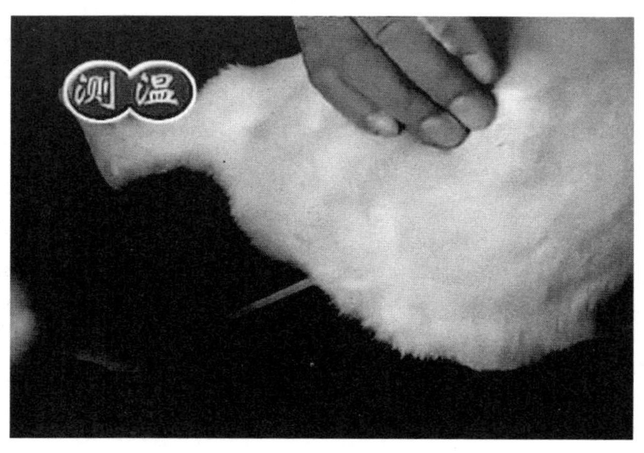

图 10-12 家兔体温测量

二、兔常见疾病及治疗

家兔非常容易感染疾病，家兔的疾病种类繁多，尤其是传染性疾病，一旦发生就难以控制，往往造成重大损失。应该贯彻“预防为主、防重于治”的方针，平时加强防范，降低发病率。发生疾病，应准确诊断，降低损失率。科学养殖技术经验证明，只要做好定期消毒，搞好环境卫生，定期注射疫苗，提供安全的饲料，保持良好的生产程序，疾病控制已不是养殖的难题。主要常见的兔病有以下一些。现在对其中发病率较高、危害较大的几种兔病进行叙述。

（一）巴氏杆菌病

巴氏杆菌病是一种主要由于通风不良、卫生条件差、潮湿污浊、营养缺乏、气候骤变而引起的疾病。室外养殖时这一疾病的比例大大降低。

【病原体】 巴氏杆菌病主要是多杀性巴氏杆菌引起的传染病。通常可以在无任何临床症状的家兔鼻液中分离到这种细菌。这种疾病的发生往往是由于兔场中多杀性巴氏杆菌的污染程度增高，毒力增强，或是饲料、气候的突然改变等原因，使得家兔的抵抗力降低而引起。

多杀性巴氏杆菌对于外界环境的抵抗力不强，通常的消毒液即可将其杀死，暴露在阳光下或在干燥的环境中也可很快死亡。但是在兔子的尸体和粪便中可存活1～3个月。

【流行病学】 巴氏杆菌病的发生无明显的季节性，但在冷热交替、闷热和多雨的季节发病率较高，以生长兔最容易多发。病兔和带菌兔是主要的传染源。

主要的传播途径：病原体从呼吸道及各种分泌物排出，污染了饲料、饮水、用具和环境，经消化道、呼吸道或剪毛时产生的伤口进入健康兔的体内。发病形式可以是流行性或散发型。是否发病主要取决于菌株的毒力和家兔群体的抵抗力。

【临床症状和病理变化】 巴氏杆菌是一种条件性致病菌，平时在健康兔的上呼吸道、消化道、鼻黏膜就存在，当兔的抵抗力下降时，病菌趁机活动，可通过消化道、呼吸道、伤口传染引起发病。家兔巴氏杆菌病的潜伏期从数小时至2～5天。根据病程可以分为急性型、亚急性型和慢性型三种类型。

(1) 急性型（出血性败血症） 往往不见症状突然死亡，症状和病理变化不明显。病兔突然精神委顿、拒食，体温升高至41℃以上，呼吸急促，鼻孔有少量的浆液性黏液，打喷嚏；有的病兔出现腹泻；死前体温降低，四肢抽搐。有的病兔可以不发生明显症状而突然死亡。

剖检可见败血症病变，如浆膜、黏膜和脏器有不同程度的出血点；肺充血、发炎、水肿，胸腔积液，淋巴结肿胀出血；肝有坏死病灶。

(2) 亚急性型（地方流行性肺炎） 呼吸困难，体温高，关节肿胀，结膜发炎，表现为鼻炎继发肺炎症状，鼻腔流出黏液性或脓性分泌物，黏附于鼻孔周围。可发出一种类似于拉风箱的声响，不时地打喷嚏，结膜因为缺氧而呈现蓝紫色，食欲减退或废绝。病程一般为1～2周，有的延长到1个月左右。如果治疗不及时，多半死亡。

死后剖检可见胸腔积液，肺组织全部或部分呈现深紫色。

(3) 慢性型（传染性鼻炎） 慢性型是兔场中最常见、最常发的类型，但传播慢，一般不会大批死亡。病兔初期鼻腔流出浆液性分泌物，后转为黏液性，过后鼻涕变稠，最终转化成脓性，在鼻孔外周结成污块硬痂，最后堵塞鼻孔，呼吸困难，有的兔只能用嘴呼吸。由于鼻塞和分泌物的刺激，呼吸轻度困难，常打喷嚏和前爪搔鼻，以至于局部红肿，前爪内侧的毛被鼻涕黏在一起。病兔食欲不佳，日渐消瘦。由于病兔经常用前爪抓嘴、鼻等处，把病菌带到眼睛内、耳内、皮下，而引起化脓性结膜炎、角膜炎、中耳炎、皮下脓肿、乳腺炎等并发症（图 10-13，彩图）。不及时治疗，最后可因营养不良而死亡。大多数经过治疗可以痊愈，少数可以造成死亡。

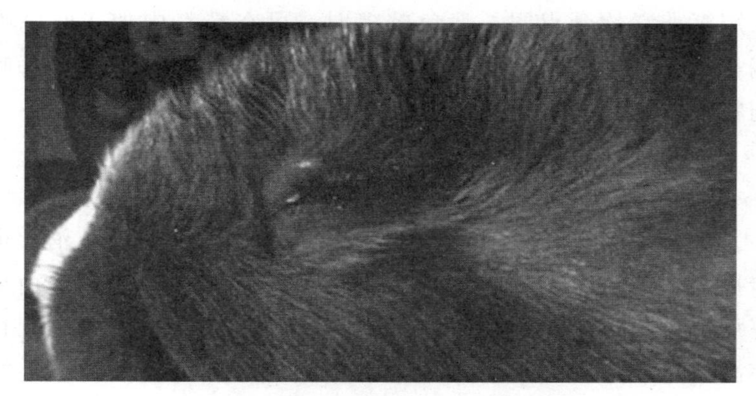

图 10-13　兔巴氏杆菌病症状（化脓性眼结膜炎）

死后剖检可在呼吸道、肺、胸膜和心包发现慢性炎症，病程可达 1 年。

此外，多杀性巴氏杆菌还可以通过刺破的皮肤侵入皮下，产生局部脓肿；或者进入子宫产生子宫积脓；或感染睾丸引起睾丸炎。

【治疗】 加强饲养管理，提高抵抗力，平时注意环境卫生，防止感冒。引入兔种时要严格检疫，隔离饲养 1 个月，确实健康后，才可以混入兔群。急性型的可以扑杀，慢性型的可以用青霉素或链霉素，每毫升含 2 万 U 滴鼻，每天 3～4 次，每次 3～5 滴，连续 5 天。在 20 天内没有鼻涕的可认为已经痊愈。肌内注射青霉素，每千克体重 2 万～4 万 U，每天 1 次，连用 3～5 天。也可用链霉素，每日 1 次，每次 0.5 万～1 万 U，连用 3～5 天。可用青霉素 40 万 U 和链霉素 0.5g 联合注射。四环素每次半片（0.125g），土霉素每次 2 片（0.5g），内服，可以 5 天为 1 疗程。口服磺胺二甲嘧啶、四环素、金霉素、土霉素、喹乙醇等都有效。磺胺嘧啶或磺胺甲基嘧啶每次可服半片（0.25g），每日 2 次，连续 5 天。对流泪的幼兔，可采用氯霉素软膏点眼，病兔较多时，可在精料中加入呋喃唑酮，每吨饲料中加 50g，混合均匀。也可用磺胺喹噁啉，每吨饲料中加 225g，混合均匀。

（二）兔瘟（病毒性败血症）

兔瘟是兔的一种烈性传染病。主要是通过呼吸道及消化道传播，传染性强，来势猛，多见于青年和壮年兔。兔瘟是由兔瘟病毒引起的，特征是潜伏期短，传染性强，发病率高，死亡率高（几乎是 100%）。临死前肛门松弛，肛门周围的被毛被黄色黏液沾污，粪球外附有淡黄色胶状分泌物，这是一种特有的症状。

【病原体】 病原为兔瘟病毒。兔瘟病毒可以被 1%的氢氧化钠灭活，对温度变化也较为敏感，高温很容易将该病毒杀死，在 40℃或 37℃的室温下，用 0.4%甲醛溶液可使其丧失致病性。

【流行病学】 兔瘟多见于青、壮年兔，吃奶小兔和断奶前后的仔兔具有较强的免疫力。本病主要发生于冬、春两季。

【症状】 潜伏期为 20～48h，其症状可因病程不同而异。按照病程的长短可以分成四种类型，最急性型、急性型、慢性型、沉郁型。

（1）最急性型 突然死亡，死前未见任何症状。有的病兔在死亡之前发出尖叫声。

（2）急性型 病兔体温升高至41～42℃，表现为精神不振，食欲减退或废绝，饮水增加，呼吸急迫，心跳加快，挣扎冲撞，啃咬笼架，两前肢伏地，后肢支起，四肢不断作划船动作，全身颤抖，部分兔的头扭向一侧，出现症状6～8h后，最后突然全身抽搐或尖叫倒地而死。死后可见鼻孔、耳内流出泡沫状血液（图10-14，彩图）。病兔的粪球表面有一层淡黄色胶状分泌物，这是本病的特有症状。

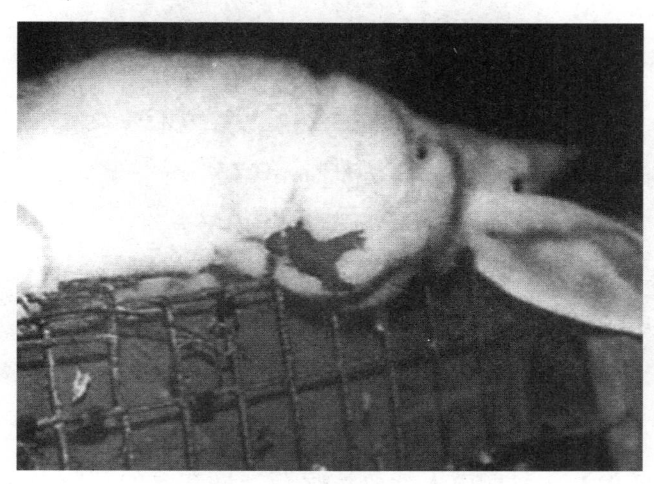

图10-14 兔瘟的症状（口、鼻出血）

（3）慢性型 大多发生在3月龄以内。体温在41℃左右，精神萎靡，食欲差，大量饮水，被毛无光，短时间消瘦，病程较长，体温轻度升高，减食，部分兔可以耐过而逐渐恢复。

（4）沉郁型 精神不好，其他症状不明显。

【病理变化】 以全身实质器官水肿和出血为主要特征。剖检可见气管和支气管内有泡沫状红色液体，气管黏膜严重充血或瘀血，少数病例有出血性病变，肺部有出血性病灶，呈现有绿豆大的鲜红色或紫红色，但在病灶的大小和数量上无一定的规律。肺水肿，切开肺组织，流出大量红色泡沫状液体。肝、脾、肾都有瘀血肿大，有小的出血点。胃内容物充盈。胆囊肿大，充满稀薄的胆汁（图 10-15，彩图）。

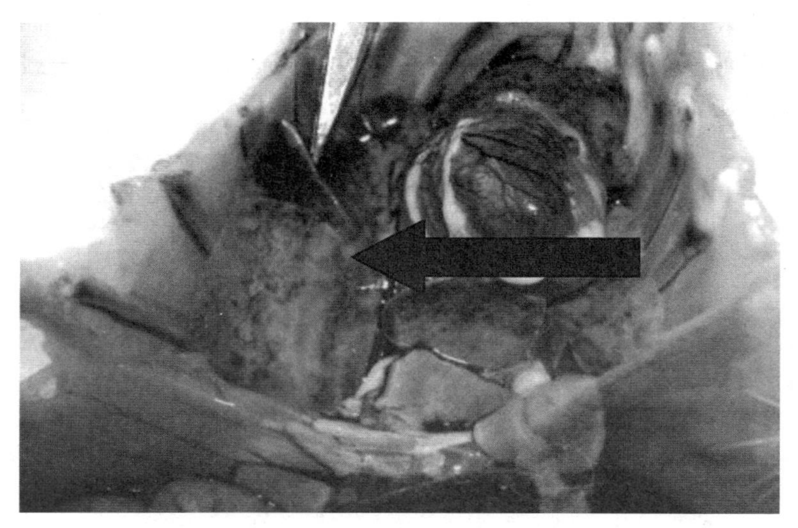

图 10-15　兔瘟的肺脏出血

【防治】　目前尚无特效治疗药，最有效的预防办法是在发病区每年春、秋两季用兔瘟疫苗预防注射。此外，采用严格检疫和兽医卫生措施，严防兔瘟病毒污染环境和发生传播。

应该采取预防为主的方法。做好环境卫生，增加机体免疫能力和及时注射疫苗。该病基本上都是从其他兔场传过来的，如污染的饲料、垫草、饮水、用具等。兔瘟疫苗的使用方法是颈部皮下注射，每次 1ml，免疫期 6 个月。病兔、死兔深埋或烧毁，不可乱扔。兔舍、兔笼定期清洗消毒，消毒药可以用过氧乙酸。

（三）支气管败血波氏杆菌病

家兔支气管败血波氏杆菌病是兔的一种常见、多发的呼吸道疾病，传播广泛。幼兔发病率和死亡率较高，成年兔主要表现为鼻炎和肺炎两种类型。

【发病特点】 本病一年四季均可发生，常常呈现地方流行，一般以慢性经过为多见，急性败血性死亡较少。该菌常存在于兔的呼吸道黏膜上，每当气候骤变以及秋、冬之交极易诱发本病。呼吸道传播是主要的传播途径。带菌兔或死亡兔的鼻腔分泌物中大量带菌，常可污染饲料、饮水、笼舍和空气或随着咳嗽、喷嚏飞沫传染给健康兔。

【症状和病理变化】 本病主要表现为鼻炎和肺炎两种类型，其中以鼻炎型最为常见，也可与多杀性巴氏杆菌病等并发。

（1）**鼻炎型** 常常呈地方流行，多数病例鼻腔流出浆液性或黏液性分泌物，病兔大部分死亡。剖检可见鼻腔黏膜充血，有多量浆液和黏液。症状时重时轻。

（2）**肺炎型** 多呈散发，鼻炎长期不愈，鼻腔流出黏液或脓性分泌物，呼吸加快，食欲不振，病程较长，病兔日渐消瘦而死亡。剖检可见气管和支气管黏膜充血，肺脏内有大小、数量不等的脓疱，肺外层有一层致密的结缔组织包膜，内部蓄积脓汁。有的病兔心脏、肺脏等处也有脓疱。

【防治】 通常情况下，加强兔群的饲养管理，定期带兔消毒，减少应激，做好疫苗的接种工作，可达到很好的效果。本病多与巴氏杆菌病混合感染，一旦发病，应隔离和剔除已经感染的家兔。必要时可在饲料中添加药物进行预防。

常用的治疗药物有庆大霉素、卡那霉素、青霉素、链霉素和红霉素等。但是，本病治愈后很容易复发。

（四）葡萄球菌病

家兔葡萄球菌病是由金黄色葡萄球菌引起的一种化脓性脓毒败血症，死亡率很高。兔对金黄色葡萄球菌最为敏感，通过各种途径均可感染本病，皮肤和黏膜最为易感，一旦出现损伤，病菌即可趁机而入。本病有多种类型，确诊需要进行病原体分离鉴定。

【症状】 本病根据侵害的部位不同，而分为不同类型，表现的症状也很不一样。

（1）**脚皮炎型** 多发于公兔或体重较大的兔。病兔脚底皮肤红肿，继而出现脓肿，形成长期不愈的溃疡，严重影响生长。如果引起败血症，则会很快死亡。

（2）**转移性脓毒血症型** 病兔发生表皮或黏膜损伤，病原体经过毛囊、汗腺侵入。在头部、颈部等部位的皮下或肌肉，以及内脏器官形成一个或几个脓肿，手触摸柔软有弹性。脓肿一旦破溃，可引起全身感染，呈败血症，病兔很快死亡。

（3）**仔兔脓毒败血症型** 仔兔出生后1周容易发生，在胸部、腹部、颈部等身体的内侧部位的皮肤上出现粟粒大的乳白色脓疱，内部有奶油状脓汁，病兔很快死亡。脓肿经治疗后可慢慢吸收痊愈，脓疱变干结痂，自行脱落。

（4）**乳房发炎型** 多见于分娩后几天的母兔，常常因为乳头、乳房受到损伤而感染。病兔初期体温稍高，乳房部位皮肤红肿热痛或体积加大，后期呈现紫红色，拒绝哺乳。慢性者皮下以及实质内形成结节或脓肿。

（5）**仔兔黄尿病型** 母兔患乳腺炎，仔兔吃了母兔的乳汁而发病，常常呈全窝感染。病兔表现为尿黄色，急性卡他性肠炎、肛门和后肢被黄色稀粪污染，兔体发软、瘦弱，死亡率高。

（6）**外生殖器官炎症型** 病兔外生殖器、阴囊或阴户有淡黄色脓汁，可引起妊娠母兔流产。

【防治】 加强管理，防止外伤。公、母兔要分开饲养，防止相互争斗咬伤。兔笼必须保持清洁卫生，清除笼内一切可能损害兔皮肤的尖锐、锋利物品，垫草要保持干燥柔软。发现有伤口应立即用碘酒涂擦消毒。母兔产仔前后要适当减少精料和多汁饲料，以免产后数天乳汁过多，发生乳腺炎。母兔发生乳腺炎时应将哺乳仔兔由保姆兔代为哺育。

常用的治疗方法如下。

（1）**脚皮炎或体表溃疡** 先清除脓汁及坏死组织，用5%碘酊或0.1%高锰酸钾溶液清洗创伤部位，再敷以抗生素或磺胺类药物，然后用纱布包扎好。如果体温过高可注射抗生素和维生素C。

（2）**仔兔脓毒败血症** 用青霉素等抗生素治疗，并每天用2%结晶紫酒精溶液涂擦患部。

（3）**乳房发炎** 患病初期挤出脓汁，并用冷毛巾敷，1天后换用热毛巾外敷，每天多次。轻者用0.1%高锰酸钾溶液清洗，涂擦鱼石脂软膏；乳头红肿变硬时，可用0.1%普鲁卡因注射液1～2ml稀释20万～40万U青霉素，在乳房硬块周围分4～5点封闭注射，每天1次，连用3～5天。如果已经化脓，则必须切口排脓，脓腔涂抹碘酊，并撒布青霉素粉或消炎粉。

（4）**仔兔黄尿病** 首先停喂母乳，然后母兔和仔兔均用青霉素等抗生素治疗。

（五）皮肤霉菌病

皮肤霉菌病是一种真菌性传染病，主要侵害皮肤和兔毛。病原体是小孢霉菌和毛霉菌。本病通过病兔相互接触传染。在兔体营养不良、兔舍卫生条件差、采光不好和通风不良的兔场容易发生。

【症状】 霉菌主要生存于皮肤角质层，一般不侵入真皮层。其代谢产物具有毒性，可引起真皮充血、水肿，发生炎症。面、足部尤为明显，可出现硬块和浅表溃疡。病变部及其周围常发生兔毛脱落，引起毛囊和毛囊周围炎症。通常根据癣斑（患部）外形特征，可分为斑状秃毛癣、轮状秃毛癣、水疱性结痂性秃毛癣。癣斑具有分明的界限，其上有残毛。皮肤霉菌病易与疥癣混淆，两者的鉴别要点是，霉菌病痒觉不明显，而疥癣有剧烈的痒觉；霉菌病有特征性癣斑；疥癣病通过镜检病料，可以找到螨。

【治疗】 皮肤霉菌病的常用治疗方法。

① 患部外涂10%水杨酸酒精或油膏。

② 在病情严重的兔场，每千克饲料中添加20ml灰黄霉素，连续饲喂25天。这种治疗方法简便，疗效理想，但药价较高，花费较大。

（六）肠炎

肠炎是一种复杂性疾病，死亡率颇高，严重危害仔兔。近年来研究表明，它可分为肠源性毒血症、泰泽病和单纯的黏液性肠炎，此外，球虫也是引起肠炎的常见病因。

1. 肠源性毒血症

【病原体】 其病原菌至今尚未充分阐明。不过有迹象表明，E型魏氏梭菌和大肠杆菌是引起本病的主要原因。这些细菌产生的毒素被兔体吸收而致病。

【流行病学】 肠源性毒血症通常发生于饲喂高能量、低纤维日粮的兔群。近几年由于兔毛价格上涨，种兔昂贵，我国许多毛用兔场和专业户为了增加产毛量和短期内培育出体重较大的种兔，片面采用高营养水平饲养，导致本病严重发生，成为当前危害家兔的主要疾病之一。本病的发生有一定的周期性，侵害兔群后就渐趋平息，但不久又可重发。在大群饲养、兔舍拥挤、卫生条件差的情况下发病率较高。

【症状及病理变化】 主要临床症状是急剧腹泻、脱水、减食和被毛粗乱。兔病中4～6周龄的幼兔占多数，死亡率较高。通常在发病后12～14h死亡。尸体剖检可见盲肠肿大，结肠空虚。70%病兔可见肠道炎症，呈淡红色，盲肠壁出血。

【防治】 家兔肠源性毒血症迄今研究不多，无相应的疫苗。在治疗上，可采用抗菌药物，但是一般来说疗效不佳。防治本病最有效的办法是调整饲料，采用含有较低能量、较高纤维的日粮，日粮纤维物质中不易消化的粗纤维应占较大比例。

2. 泰泽病

本病主要发生于幼兔。主要症状是急剧腹泻。发病12～48h死亡。剖检可见肝脏有粟粒大小的白点，其他病理变化与肠源性毒血症非常相似。显微镜检查，在肝脏的白点中可发现泰泽杆菌，菌体呈细长杆状或长杆状。此病尚无有效的治疗方法，严重暴发的兔场只能采取扑杀、消毒、重建健康兔群。

3. 黏液性肠炎

黏液性肠炎以排出似胶冻状大便为其特征。病兔废食，但大量饮水、不断磨牙，不时发出不安的尖叫，发病数天就死亡。死后剖检可发现消化道炎症性病灶。最常见的病变区是回盲连接处，在盲肠和小肠也可以见到炎症性病变区。此病病因尚不清楚，并无有效的防治药物。一般来说，观察到典型症状时病情已发展到了晚期。

（七）乳房发炎

家兔乳房发炎通常发生于泌乳母兔，多半是金黄色葡萄球菌或多杀性巴氏杆菌或其他病菌通过乳头管、伤口或血液进入乳腺所致。

【症状】 乳腺膨胀，发红，触摸出现疼痛性敏感，体温可上升到40℃以上。多数病兔不让仔兔吮乳，其结果会导致乳腺进一步肿胀。

【治疗】 早期用抗菌药物治疗有一定疗效。治疗的同时可让母兔继续哺育仔兔。重症或治疗不及时往往预后不良，乳腺呈淡蓝色、肿胀发硬的，可发生死亡或造成终生性泌乳机能障碍。若母兔因乳房发炎而死亡，切忌将其仔兔让健康母兔寄养，以免将病菌带到寄养母兔乳腺，引起同类乳腺炎的发生。治疗本病通常每天肌注青霉素20万～30万U，链霉素0.25g，连续3天。

（八）球虫病

球虫病是一种严重危害家兔的寄生虫病。球虫很小，肉眼看不见。本病传播快、分布广、发病严重。家兔最易感染的是40～120日龄的幼兔，死亡率高。虽然患了球虫病的母兔能免疫，但排出的粪中含有卵囊，在兔的肠道内，经过复杂的发育，造成肠炎和肝炎，对于养兔业危害极大。本病多发在雨季，我国北方地区主要在7～8月，病兔、治愈的兔往往长期带毒。杀灭球虫最好的方法是高温消毒，兔笼用开水冲洗，粪便堆积发酵。

【病原体】 本病的病原体是球虫。球虫是一种原虫，其卵囊随着粪便排出体外，在适宜的温度和湿度下，迅速发育成熟，变成具有感染性的卵囊。健康家兔往往是由于采食了具有感染性的卵囊污染的饲料或饮水而得病。

【流行病学】 家兔球虫病常呈地方流行，多发生于温暖多雨的季节。各种家兔均有感染性，但断奶（45 日龄左右）至 4 月龄的幼兔容易感染，并且死亡率甚高，而成年兔发病轻微。病兔和带虫兔是球虫病的传染源。

【症状】 病初食欲减退，后期废绝；眼结膜苍白，眼、鼻有多量的分泌物；被毛粗乱，时有腹泻，肛门周围常有粪便污染，排尿次数增多；精神沉郁，伏卧不动，两眼无神。因球虫在兔体内的寄生部位不同，其症状还可分成三种不同类型。

（1）**肠型** 整个病程都出现腹泻，由于球虫主要寄生于肠道，肠管膨胀隆起鼓气，膀胱充满尿液，使腹部显著增大；发病初期和后期腹泻症状显著。

（2）**肝型** 肝脏肿大，触诊时有明显的痛感，被毛无光，毛脆易脱落，口腔、眼结膜苍白或黄色，有轻度黄疸色；幼龄病兔往往出现神经症状，伴发四肢痉挛和麻痹。

（3）**混合型** 既有肠型症状，又有肝型症状，一般较为常见。消瘦，贫血，下痢和便秘交替发生，尿液黄色、混浊。

【病理变化】

（1）**肠型病变** 病变发生于肠道，肠壁血管充血，十二指肠扩张、肥厚，肠黏膜有卡他性炎症；小肠内充满气体和大量黏液，黏膜有时充血并且有溢血点；在慢性病例，肠黏膜呈现淡灰色，存在许多小的白色硬结（内含大量的球虫卵囊和小的化脓坏死病灶）（图 10-16、图 10-17，彩图）。

（2）**肝型病变** 病变主要在肝脏。肝脏表面和内部均存在白色或淡黄色结节，结节呈圆形，如粟粒至豌豆大小。在显微镜下观察结节，可见内含不同发育阶段的球虫，但是在陈旧病灶，其内容物已经转变成粉粒状钙化物。腹腔充满稀薄带有血色的液体（图 10-18、图 10-19，彩图）。

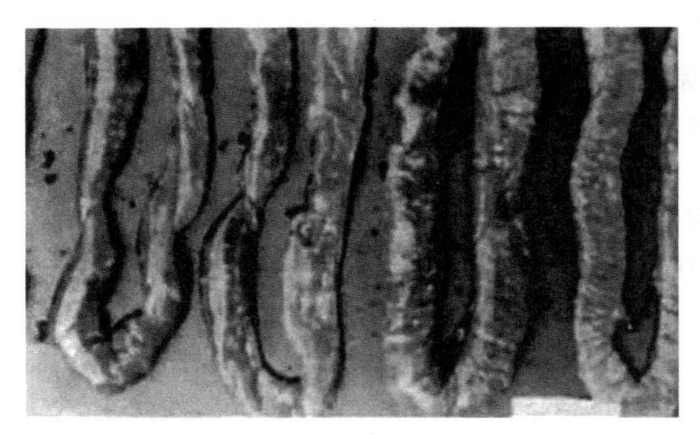

图 10-16　肠型球虫病的肠管病变

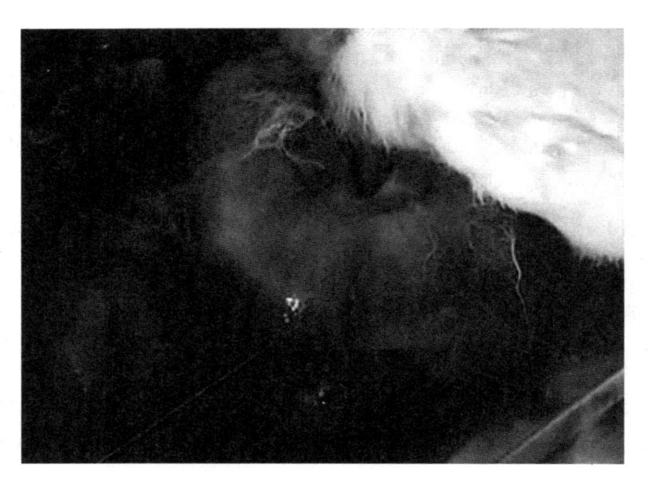

图 10-17　肠型球虫病的病理变化（肠管出血、瘀血）

【防治】　一般的兔场大多发生过球虫病，有些成年兔是球虫的带虫者，因此，切断球虫的传播环节是预防球虫病的关键。兔粪应发酵消毒，尸体深埋，防治卵囊扩散。防止饲料、饮水受污染。大、小兔分开饲养，因为大兔即使感染也无明显症状。

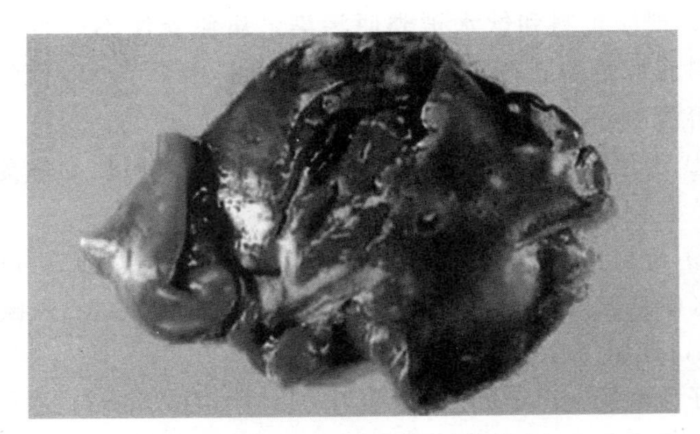

图 10-18　肝型球虫病的肝脏肿大

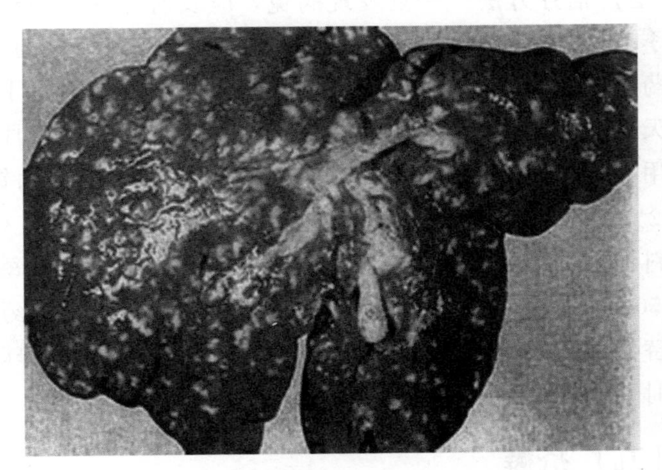

图 10-19　兔球虫病肝脏病变（表面有大量的结节）

（1）预防措施

① 杀灭粪便中的卵囊。兔笼勤清扫，粪便堆积发酵一段时间，消灭球虫卵后再做肥料。

② 环境消毒。兔舍和兔笼定期用沸水冲洗或用消毒剂消毒，在温暖季节消毒次数适当增加。

③ 严防饲料和饮水被粪便污染。病兔粪便不能直接用作青饲料庄稼地的肥料，在流行季节青饲料用 1∶4000 倍的高锰酸钾溶液喷洒消毒；饮用井水和自来水。

④ 避免带虫母兔传染仔兔。仔兔在 26 日龄后与母兔分笼饲养，定期喂奶。

⑤ 药物预防。母兔妊娠 25 日至分娩后第 6 天，每日服 0.01%碘溶液 100ml，停服 5 天后，再每日服 0.02%碘溶液 200ml，连服 1 个月。

仔兔断奶 10 天后，每天服 0.01%碘溶液 50ml，停服 5 天后，再每天服 0.02%碘溶液 70ml，连服半个月。

（2）治疗方法 一旦发现病兔，应及时治疗。另外，在流行季节可用药物预防，药物预防的目的是抑制球虫的发育，预防药物有，磺胺与抗菌增效剂、磺胺间甲氧嘧啶（每千克体重每天 75mg，连用 3 天，停药 7 天，再用 3 天，1 个月可反复应用 3 周）、磺胺二甲氧嘧啶（按 0.1%的浓度拌入饲料，或 0.2%的浓度溶解于饮水中，连用 3～4 周）。氯苯胍（每千克饲料加入 150mg，从断奶开始连喂 45 天）。球痢灵（每千克体重 50mg 内服，每天 2 次，连用 5 天）。治疗和预防药物都要交替使用，以免产生抗药性。如果发生了腹泻，在用球虫药的同时，饮水中加入庆大霉素，每只兔 4 万 U。

（九）疥癣

疥癣是一种体外寄生虫，主要侵害皮肤。本病有高度的传染性。若治疗不及时，病兔可以因为逐渐消瘦和虚弱而死亡。疥癣分体疥癣和耳疥癣两种，前者由疥螨和耳螨两种病原体造成，后者由痒螨引起。

【症状】 体疥癣多半是从家兔的鼻端开始，逐渐蔓延到眼圈、耳根、四肢，最后遍及全身。痒螨通过皮肤挖掘隧道吞食上皮细胞，吮吸淋巴液，引起强烈瘙痒，患部脱毛，出现丘疹或水疱，逐渐形成白黄色的痂皮。耳疥癣在病初接近耳根处发生红肿，继而脱皮，有时流出渗出液，持续几天后结成黄褐色痂皮。痂皮慢慢增大，塞满耳孔。由于病原体引起家兔患部奇痒，病兔不时地摇头，并用脚爪搔痒，随着搔伤常常引起继发性细菌感染。

（1）**痒螨**　主要寄生在外耳道内，引起炎症，病初耳朵内部接近耳根部位红肿、脱皮，有渗出液流出，逐渐蔓延到外耳道，引起外耳道炎症，渗出物干燥结成黄痂，如卷纸一样塞满外耳道。患兔耳朵下垂，不断摇头，用脚抓挠耳朵。防治上对一切物品进行严格消毒，可用1%～2%敌百虫水喷洒患部，每周1次，连用数次（图10-20，彩图）。

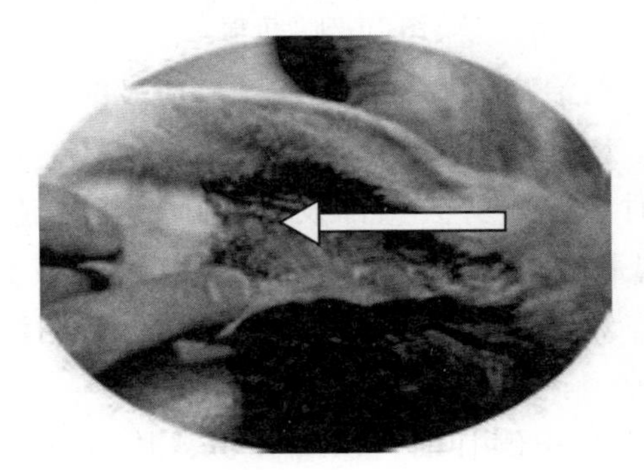

图10-20　兔耳螨

（2）**疥癣**　主要寄生于爪、掌部、鼻、口唇、眼圈等毛少的部位，患兔频频用嘴咬患部，使皮肤充血发炎，渗出物干涸后形成厚的痂皮（图10-21，彩图）。

【防治】　疥癣的预防主要在于隔离病兔并进行环境和器具的彻底消毒。新购进的种兔必须严格检疫，确诊无病后才能进入兔场饲养。防治上要经常保持兔舍的清洁干净，定期消毒，发现病兔及时淘汰或隔离治疗，可以用“阿维菌素”“伊

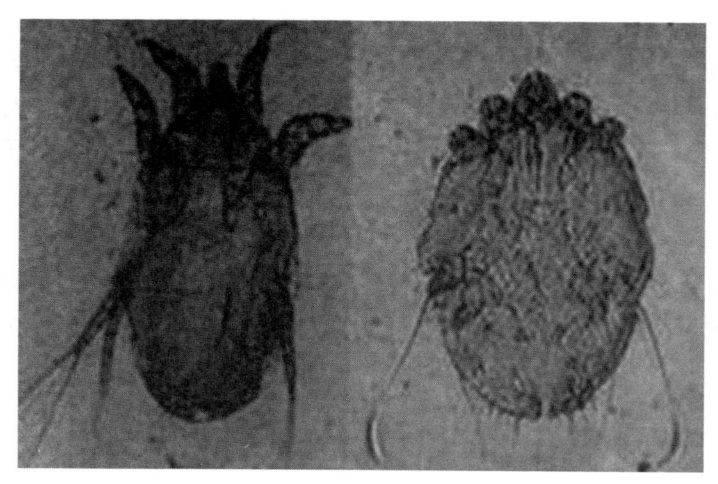

(a) 背面　　　　(b) 腹面

图 10-21　疥螨

维菌素”等注射治疗。一旦出现病兔，应及时隔离，对病兔笼和用具用5%克辽林（臭药水）或10%～20%生石灰水消毒。

病兔及时治疗。剪去患部及其周围的毛，清除痂皮和污物，用5%温肥皂水或0.1%～0.2%高锰酸钾或2%来苏儿溶液刷洗患部，然后涂上杀灭病原体的药物。常用治疗药物及方法有以下几种。

① 耳疥癣可用碘甘油（碘酊3份、甘油7份）或硫黄油剂（硫黄松节油和植物油等量混合剂）滴入耳内，每日1次，连滴3天，间隔8天后再重复用药3天。

② 用2%敌百虫溶液擦洗患部，每日3次。

③ 用烟丝50g、食醋500ml，浸24h后，取浸出液擦洗患部，连续擦洗数天。

（十）虱病

兔虱是一种家兔体表的外寄生虫。在环境卫生较差的兔场，一旦兔虱通过病兔或其他途径带入，则会迅速蔓延。

【症状】 兔虱在叮咬家兔的皮肤时，分泌出一种有毒的唾液，刺激皮肤的末梢神经，引起发痒。于是，兔用嘴啃爪搔，往往划破皮肤，使血液和炎性液体溢出，形成硬痂。拨开患部的被毛，在皮肤表面和被毛的下半部可以看到很小的黑色兔虱钻来钻去，被毛的基部有淡黄色的虫卵。病情严重时，病兔会出现食欲减退、消瘦等现象。

【治疗】 驱除兔虱应在远离兔舍的地方进行。先将病兔的毛剪去，然后置病兔于箱内，用手掌把除虱药逆毛揉搓入整个体表，使残存的短毛布满药粉。最后用手顺毛抚摸，使药物快速有效地杀死兔虱。常用的除虱药物有，敌百虫合剂（用敌百虫 2g，石灰 100g，滑石粉 250g，卫生球 1 粒配制而成），将药撒在兔体表，2h 左右可杀死兔虱，经隔离数天重复用药 1 次；百部 1 份、清水 7 份，煎煮约半小时，制成百部水溶液，用纱布蘸取药液涂洗患部。

（十一）积食

积食多半是由于饲养管理不善引起的。特征是病兔消化机能障碍，大量食物滞留于胃，发酵产气，使胃容积增大到超出了生理限度，以致病兔出现疝痛、不安等症状。

【病因】 本病多发生于 2～6 月龄的兔。病因是过多地采食了不易被消化而易发胀、发酵的干饲料；食入霉变饲料；饲料突然改变；喂料时间不规律，饥饿暴食；喂给冰冻饲料等。

【症状】 本病一般在采食后 2～4h 发病，起初病兔精神不振，头下垂，流涎，继而腹部明显膨胀，用手触摸可感觉到胃内充满气体。大便秘结或排出带酸臭气味的软粪，体温一般不升高。病情较重者，呼吸困难，甚至发出痛苦的尖叫声。

【治疗】 发病后可灌服“十滴水”3～5 滴，以制止胃内容物发酵。对于大便秘结者，可投服蓖麻油或蜂蜜等缓泻剂，用量为15～20ml，分2次投服，软化胃内容物和通便。此外，可用大黄苏打片，每次1～2片，日服3次。在用药物治疗的同时，按摩腹部，适当运动，收效较快。

（十二）便秘

便秘是粪便在大肠内长时间积聚，水分被吸收，变成干硬状态，阻塞肠道而致病。主要原因是饲喂纤维物质含量过低的饲料，肠壁缺乏刺激，运动机能减弱。另外饮水不足或者饲料中含有较多量的泥沙等均可引起家兔便秘。

【症状】 食欲减退，不爱活动，粪球小而量少，干硬无光，严重者粪粒外包有一层白色胶样物质；尿少，色深（棕红色）；触摸腹部，有疼痛感，可感觉到大肠内聚积多量的干硬粪粒。

【防治措施】 夏季投喂足够多的青饲料，冬季饲喂干饲料时，要保证充足的饮水。保持饲草和水的卫生，并去除泥沙等物。投服缓泻剂，润滑和软化肠内容物。可用蓖麻油5ml与蜂蜜10ml加水1次灌服，同时，加水灌服2～4g硫酸镁。急性病例，用温肥皂水灌肠，每次20～30ml。

（十三）不孕症

【病因】 母兔不孕症是一种较常见的疾病，病因甚多，主要有以下几种。

① 母兔生殖系统发生炎症，如子宫炎（李氏杆菌感染较多见）、阴道炎、卵巢炎。

② 母兔过度肥胖，体脂吸收雌性激素，性机能减退。

③ 饲料缺乏维生素E或微量元素锰。

④ 饲养水平低下，母兔营养不良，过度消瘦。

⑤ 脑垂体等内分泌腺机能不完全或紊乱，以致生殖器官先天性畸形。

此外，家兔在换毛期一般不易受孕。

【治疗】 对患不孕症的母兔应在查明原因的基础上采取针对性措施。患有生殖器官炎症或先天性性机能障碍的以淘汰为宜；对于营养失调的病兔应改善饲养管理，调整日粮配方。

（十四）产后瘫痪

【病因】 兔笼潮湿，运动不足，饲料中毒和产仔过多均可引起产后瘫痪。此外，一些传染病（梅毒等）、寄生虫病（球虫病等）和内科病也可并发本病。

【症状】 产后突然发病，卧地不起，大多数病例食欲正常，有的病例出现食欲废绝、便秘和小便不通等症状。

【治疗】

① 灌服1汤匙蓖麻油或2～3g硫酸钠。

② 直肠灌注温热的15%食糖溶液20～40ml，每隔2～3h重复1次。

③ 灌服3～5ml蜂蜜，每日1次，连服数天。

（十五）妊娠毒血症（酮症）

本病在产前和产后的短时间内发生，往往是无明显症状而突然死亡。剖检可见，病变主要发生在肝脏。肝脏外观呈黄色或橙色；肝切片镜检可见肝细胞内存在大量脂肪。本病由于肝细胞内不能滤过的脂肪，干扰肝脏正常代谢和产生大量的酮体所致，故又称“酮症”。其真正的原因尚不清楚，但与食入高能量饲料有关。因此，在发病兔群应控制日粮能量水平。对病兔静注10%葡萄糖溶液（15～20ml）有一定的疗效。

（十六）腹泻病

兔腹泻病的病因复杂，是兔常见的疾病，尤其是幼兔多发。有感染性致病和非感染性致病两种。感染性致病因素包括肠道细菌、霉菌、病毒和寄生虫等。非感染性致病因素包括应激、气候、饲料、饲养管理不良等。如兔舍过冷、过湿，使兔的腹部受凉；食用了不清洁、腐败变质的饲料，饲料中含水量过多或刚刚断奶的幼兔贪食过多，饲料突然更换，消化不良等。

本病各年龄兔均可发生，但断奶前后发病率高，治疗不当常常引起死亡。

【症状】 感染性腹泻的病兔，食欲减退，发热，精神不振，一天排粪十多次甚至几十次，最初有些粪，以后变成水样腹泻，混有白色黏液并带有血丝。有恶臭气味。病兔消瘦，结膜暗红或发绀，呼吸急迫，常常虚脱而死亡。

非感染性腹泻病兔食欲减退，精神不振，排出软粪便或水样粪便，被毛污染，如糨糊状或稀薄如水，有气泡或鼻涕样黏液；病程长的则虚弱无力，不愿意运动，有的出现轻度腹胀。常常因衰竭而死亡。

【防治】 不要喂给腐败或不清洁的饲料，兔舍保持清洁干燥，温度恒定，通风良好。对兔笼、兔舍、用具、垫草、粪便严格消毒。病兔隔离，可以用抗生素、磺胺或呋喃类药物，也可用黄连素或大蒜治疗。护理上用温水洗净病兔的肛门，转到干净的笼舍，停喂青绿饲料，铺柔软的垫草。空气潮湿时，应减少青绿饲料，增加干草。应增加笼内的垫草，并保持干燥，避免冷风吹袭。变换饲料种类要逐渐过渡，不能突然更换。

治疗方法：环丙沙星、敌菌净、氟哌酸等抗菌药，每只兔每天1～2片，每天2～3次，连喂2～3天；庆大霉素，每只兔肌内注射0.5～1ml，每天1次，连用3天；鞣酸蛋白，每次1～3g，每天1～2次，连用2天。或者用硫酸钠或人工盐2～3g，加水40～50ml，一次性灌服；或用抗生素，如新霉素每千克体重4000～8000U，肌内注射或静脉注射，每日2次，两用3天。

（十七）毛球病

长毛兔多发此病，长毛兔的绒毛容易脱落在饲料里和垫草上，如果不及时清理就容易被兔混食下去。饲料中缺乏维生素、钙、磷等各种矿物质，使兔食欲不正常，发生相互咬毛和食毛的现象，养成食毛癖等，都可引发本病。

【病因】 毛球阻塞是家兔特有的疾病。本病的发生是家兔采食兔毛或饲料中混有兔毛或难消化的植物长纤维所致。这些物质在消化道内形成球状物，阻塞胃肠道，造成消化障碍。家兔食毛的原因有日粮纤维物质含量过低；饲料缺乏某些纤维素或无机盐；个别家兔有异嗜恶癖。

【症状】 主要症状是食欲不振，常咬食自身的毛或同笼舍其他兔的毛，喜欢伏卧，喜饮水，大便秘结，粪内夹有兔毛，腹部膨大，甚至因消化道严重阻塞而死亡。病兔大便形成一串串粪球，粪便内有兔毛。触诊胃部时有块状物的毛球。结球过大，容易引起胃肠道堵塞。

【防治】 平时加强兔的饲养管理，兔笼要宽敞。有食毛癖的长毛兔要单独饲养。同时应改变饲料，饲料中添加矿物质和供给富含纤维素的青、粗饲料。另外，根据具体情况补饲相应的维生素、含硫氨基酸和无机盐饲料。病兔灌服植物油，一次量为15～20ml，以通粪便，使毛球排出。兔毛排泄出来后的2天内，应饲喂一些容易消化的饲料。

（十八）感冒

天气突变、笼舍潮湿、遭受雨淋、贼风侵袭以及病原微生物感染等均容易导致家兔感冒。

【症状】 病兔表现为食欲减退或废绝，咳嗽、呼吸困难，流鼻涕和眼泪，体温 40℃ 以上，如果不及时治疗，很容易诱发支气管炎。

【防治】 加强饲养管理，保持兔舍干燥干净，冬季保暖，夏季通风。

治疗方法：复方氨基比林注射液，每只兔 2ml，肌内注射，每天 1 次，连用 2 天；青霉素、链霉素各 20 万～40 万 U，肌内注射，每天 2 次，连用 2 天。

（十九）中暑

长期处于高温环境、饲养密度过大、兔舍通风差、运输过程中密度过大、通风不良等因素，均可导致家兔中暑。各个年龄段的兔都可发病，尤其是以妊娠兔最容易发生。

【症状】 病兔表现为精神不振、拒食，呼吸、心跳加快，鼻腔和黏膜充血。严重的呼吸困难，黏膜发绀，体温升高至 40℃ 以上，从鼻腔、口腔中流出带血的黏液，全身乏力，最后抽搐死亡。有的病兔表现高度兴奋，盲目奔跑，全身痉挛，死亡。

【防治】 降温防暑，保持兔舍通风良好，栽植树木遮阴，降低饲养密度，供应充足的饮水。夏季避免长途运输，如果确实需要长途运输，可在夜间进行，降低运输密度。

治疗方法：将病兔置于阴凉、通风处，头部敷冷毛巾，或进行耳静脉放血。灌服“十滴水”2～3 滴或喂服“人丹”2～3 粒。对于有抽风症状的病兔，可按照每千克体重肌内注射

2.5%盐酸氯丙嗪注射液0.5～1ml进行镇静。

（二十）发霉饲料中毒

饲料受潮，在温暖的条件下会很快发霉。霉菌的代谢产物对于家兔有一定的毒性，其中以黄曲霉毒素的毒性最强（图10-22，彩图）。

图10-22　饲料原料玉米发霉

【症状和病变】 家兔采食霉烂饲料，很快出现中毒症状：流涎、腹痛；消化功能紊乱，初期便秘，后期腹泻，粪便带有黏液或夹带血液，散发恶臭；体温升高，呼吸加快，全身衰竭，站立不稳；妊娠母兔发生流产，本病的死亡率较高。剖检可见胃肠黏膜炎症，肝急性黄色萎缩，心脏和脾脏有出血点，肾脏和膀胱发生炎性变化。

【防治】 一旦发生本病，首先要停止饲喂发霉饲料；病兔服用泻药，以排出消化道内的食物；静脉注射15%葡萄糖溶液，皮下注射咖啡因或樟脑等强心剂。

（二十一）有毒植物饲料中毒

1. 蓖麻叶和蓖麻种子中毒

蓖麻叶和蓖麻种子都含有蓖麻素和蓖麻碱。这两种物质对家兔均有毒性，其中蓖麻素是一种溶血性蛋白质。家兔采食1.5g蓖麻籽就可致死。蓖麻中毒的症状是突然倒地、体温降低、结膜苍白、腹痛、便血和心力衰竭等。治疗可用泻药、利尿剂和强心剂等。

2. 马铃薯芽中毒

马铃薯的外皮和马铃薯的芽均含有马铃薯素配糖体，对家兔有一定的毒性；马铃薯茎叶中也有这类有毒物质，其含量在发芽时和开花期最高。因此，用发芽的马铃薯或马铃薯植株饲喂家兔往往会发生中毒现象。

3. 苦楝叶、苦楝籽及桃树叶等中毒

苦楝叶、苦楝籽含有有毒物质——苦楝素等，家兔采食后可以发生中毒。桃树叶、李子树叶和夹竹桃树叶中含有杏仁配糖体、氢氰酸和皂碱配糖体等有毒物质，家兔食后也可引起中毒。中毒后的病兔治疗可以用泻剂排出毒物，皮下注射肾上腺素、樟脑等，静脉注射高渗葡萄糖和乌洛托品，解毒利尿，剂量可视病情而定。

（二十二）有机磷和有机氯农药中毒

敌百虫、敌敌畏、1605和乐果等杀虫剂，家兔误食喷洒

了上述农药不久的青饲料或田间杂草，以及用敌百虫治疗内、外寄生虫时使用剂量不当，均可发生中毒现象。

【症状】 流涎、流泪，瞳孔缩小，呼吸急促，全身肌肉震颤，兴奋不安，发生痉挛。重症者很快会全身麻痹、窒息而死。轻者仅表现为流涎和拉稀。

【治疗】 有机磷农药中毒，如果抢救及时，疗效较好。外用有机磷农药引起的中毒病例，应立即清除体表的残留农药；而内服中毒病例则应灌服泻药，以避免毒物继续吸收，加剧中毒程度。一般病兔皮下注射硫酸阿托品 0.5～5mg，以流涎停止和瞳孔恢复正常作为用药的标准。硫酸阿托品药效作用的时间短，用药后重新出现流涎和瞳孔缩小时应再度注射，同时可静脉注射解磷定。对重症家兔应同时采用强心和补液等对症治疗法。

兔传染病常用的疫苗及使用方法

（1）兔瘟灭活苗（水剂） 断奶后每只兔皮下注射1ml，7天后产生免疫力，每年注射2次。预防兔瘟，免疫期6个月。

（2）巴氏杆菌灭活苗（水剂） 30日龄以上兔，每只皮下注射1ml，7天后产生免疫力，每年注射2次。预防巴氏杆菌病，免疫期4～6个月。

（3）魏氏梭菌性肠炎灭活苗（水剂） 30日龄以上兔，每只皮下注射1ml，7天后产生免疫力，每年注射2次。预防魏氏梭菌性肠炎病，免疫期4～6个月。

（4）沙门杆菌灭活苗（水剂） 妊娠初期及30日龄以上兔，皮下或肌内注射1ml，7天后产生免疫力，每年注射2次。预防沙门杆菌病（下痢或流产），免疫期6个月。

（5）波氏杆菌灭活苗（水剂） 妊娠兔产前2～3周，仔兔断奶前1周，皮下注射1ml，7天后产生免疫力，每年注射2次。预防支气管败血波氏杆菌病，免疫期6个月。

（6）巴瘟二联苗（水剂） 断奶后每只兔皮下注射1ml，

7天后产生免疫力，每年注射2次。预防巴氏杆菌病、兔瘟，免疫期4～6个月。

（7）巴魏二联苗（水剂） 30日龄以上兔，每只兔皮下注射2ml，7天后产生免疫力，每年注射2次。预防巴氏杆菌病、魏氏梭菌性肠炎，免疫期4～6个月。

（8）魏瘟二联苗（水剂） 断奶后每只兔皮下注射1.5ml，7天后产生免疫力，每年注射2次。预防魏氏梭菌性肠炎、兔瘟，免疫期4～6个月。

（9）兔瘟三联苗（水剂） 断奶后每只兔皮下注射2ml，7天后产生免疫力，每年注射2次。预防兔瘟、巴氏杆菌病、魏氏梭菌性肠炎，免疫期4～6个月。

兔常规免疫及预防方法

（1）1月龄兔球虫病 防治方法：出生第30天左右口服氯苯胍，预防量按照每千克体重10mg/天，拌料100～150mg/kg饲料；球虫净，拌料预防量占饲料量的1%，连用2周后，停药5天，治疗量占饲料量的1.5%，连用1周后改为预防量；新型药物有百虫清，按照说明书使用。

（2）1月龄时，兔支气管败血波氏杆菌病 防治方法：支气管败血波氏杆菌灭活苗皮下或肌内注射1ml/只，7天后产生免疫力，每年2次。

（3）1月龄时，大肠杆菌病 防治方法：断奶后肌内注射大肠杆菌多价灭活苗，每只1ml。发病时可选用痢特灵、氯霉素治疗，每千克体重10mg，每天2次，连用3～5天；氟哌酸每千克体重10mg，每天2次，连用3～5天。

（3）2月龄时，兔瘟、魏氏梭菌病、巴氏杆菌病 防治方法：断奶后立即注射兔瘟、魏氏梭菌病、巴氏杆菌病单苗或联苗，每只1ml。成年兔每年2次。

（4）2月龄以上时，寄生虫病、消化道疾病 防治方法：口服左旋咪唑每千克体重10mg，3周后再投喂1次。

（5）2月龄以上时，疥癣病 防治方法：口服左旋咪唑每千克体重10mg，1周后重复用药1次。

（6）2月龄以上时，乳腺炎 防治方法：肌内注射青霉素，每千克体重3万～5万U，每天2次；患病兔乳池内可注入30万U青霉素和0.3g链霉素，连用3天。

几种治疗兔病常用的中草药

学名	别名	功效	治疗	使用
车前草	车轮菜、车轱辘菜	利尿、止泻、明目、祛痰	球虫病、呼吸道、消化道感染	鲜喂或干品煎水内服，每次10～15g，每兔每天2次，连用3～5天
蒲公英	婆婆丁	清热解毒、消肿、利胆、抗菌消炎	肠炎、肺炎、乳腺炎、腹泻	鲜喂或干品5g煎水内服，每日2次，连用3～5天
艾蒿	野艾子、艾叶草	止血、安胎、散寒、祛湿	便血、血尿、胎动不安、湿疹	鲜喂或煎水。每次15g，每日1次，连用3～5天
茵陈	绵茵陈	发汗利尿、利胆、退黄疸	球虫病、大小便不畅	鲜用或煎水，每只兔9g，每日3次，连用5～7天
野菊花	野黄菊	祛风降火、解毒	金黄色葡萄球菌、链球菌、巴氏杆菌感染	鲜用或水煎服，每只兔5g，每日2次，连用5～7天
大蒜		杀菌、健胃、止痢、止咳、驱虫	肠炎、流感、腹泻、肺炎、消化不良、球虫病	去皮后取250g捣烂，加水500g，浸泡7天后使用。每只兔每次3～5ml，每日2次，连用3～5天，也可拌入饲料中使用

续表

学名	别名	功效	治疗	使用
紫花地丁	地丁草、老鼠布袋	清热解毒、拔毒消肿、抗菌消炎	流感、喉炎、乳腺炎、肠炎、腹泻	鲜用或干品6～9g,煎水内服,每日2次,连服3天
葎草	拉拉秧、割拉蔓	清热解毒、利尿、止泻、健胃消炎	大肠杆菌、魏氏梭菌、肠道感染	全草鲜喂或干品15g煎服，每日2次，连用5～7天。

参考文献

[1] 张恒业等．兔健康高产养殖手册［M］．郑州：河南科学技术出版社，2010.
[2] 熊家军．高效养獭兔［M］．北京：机械工业出版社，2014.
[3] 孙慈云，杨秀女．科学养兔指南［M］．第2版．北京：中国农业大学出版社，2010.
[4] 吴杰主编．兔肉美味30种［M］．北京：金盾出版社，2008.
[5] 张花菊，白明祥，谭旭信．养獭兔［M］．郑州：中原农民出版社，2008.